CBT 対策と演習
生 化 学

薬学教育研究会　編集

東京　廣川書店　発行

CBT 対策と演習

生化学

本シリーズ発刊の趣旨

　本シリーズは，CBT に対応できる最低限の基礎学力の養成をめざした問題集であり，予想問題集ではない．

　CBT では平均解答時間は 1 問 1 分とされているが，解答時間が 1 分以上長くかかるもの，あるいは出題形式としては好ましくない"誤りを選ぶもの"も例外的に含まれている．これは，限られた紙面の中で，できるだけ多くの基本事項をより広く応用できるよう目指して作題されたからである．

　CBT の対策と演習という観点から，やや難解な問題も含むが，将来に向かって十分対応できるように，じっくりと学んでいただきたい．

まえがき

　生命現象を分子レベルで理解する生化学は，薬学を学んでいくうえで重要な基礎科目の一つである．また環境，健康あるいは病態の理解や，疾病の予防，治療法や医薬品の開発などで意思の疎通に不可欠な，医療分野に共通の「言葉」である．

　ところが，生体を構成する分子は多種多様であることに戸惑い，あるいは生化学を分子の名称・構造を暗記する学問であると誤解し，習い始めに不得意科目としてあげる薬学生が多い．

　それでも学習・学年の進行とともに，生命が単なる分子の寄せ集めではなく，生命現象の一つ一つが互いに関わりあうことでホメオスタシスが保たれていること，あるいは医薬品のターゲットのほとんどが生体内分子であることに，理解がすすむと，生化学の重要性を再認識してきたはずである．

　6年制薬学部では4年次後半に，5年次における病院・薬局の長期実務実習を行うのに十分な薬学の基礎知識を身につけているかどうかをCBT（computer-based testing）という全国共通の基準で問われる．

　CBTは，日本薬学会により作成された「薬学教育モデル・コアカリキュラム」の到達目標（SBO）に基づいて出題される．

　薬剤師国家試験は，過去に問われた設問と指定された出題基準での新規設問から構成されている．

　これに対しCBTは，SBO範囲を網羅する膨大な数の設問がコンピューターの中に保存されているので，同一SBOの設問であっても，各受験者に出題される問題は異なる．

　従って，あるCBT受験者においては，全ての設問が，いわゆる新規の設問のみ出題される可能性があり，指定されたSBOをくまなく理解しておくことが大変重要である．

　以上の観点と本シリーズ発刊の趣旨を踏まえて，本書では，CBT形式を念頭に置いた五者択一の問題集の体裁を取り，さらに学習すべき内容の漏れがないよう，1問1答形式の問題とキーワードを補充した．

各設問には，必要最小限ながら解説を加え，また，教科書により異なる用語は（　）付けで併記した．

　これらによって，教科書や参考書なしに，生化学範囲の演習が効率よく行えるはずである．薬学専門科目のCBT対策を始める前には，ぜひ本書により，じっくりと基礎固めをしていただきたい．

　最後に，本書の出版を企画された廣川書店社長廣川節男氏，ならびに編集，執筆に際してご助力いただいた編集部諸氏に深く感謝を申し上げる．

平成21年3月

薬学教育研究会

目 次

第1章 細胞を構成する分子 …… 1

1.1 脂 質 …… 1
SBO1 脂質を分類し，構造の特徴と役割を説明できる．
SBO2 脂肪酸の種類と役割を説明できる．
SBO3 脂肪酸の生合成経路を説明できる．
SBO4 コレステロールの生合成経路と代謝を説明できる．

1.2 糖 質 …… 8
SBO5 グルコースの構造，性質，役割を説明できる．
SBO6 グルコース以外の代表的な単糖，および二糖の種類，構造，性質，役割を説明できる．
SBO7 代表的な多糖の構造と役割を説明できる．

1.3 アミノ酸 …… 12
SBO9 アミノ酸を列挙し，その構造に基づいて性質を説明できる．
SBO10 アミノ酸分子中の炭素および窒素の代謝について説明できる．

1.4 ビタミン …… 15
SBO12 水溶性ビタミンを列挙し，各々の構造，基本的性質，補酵素や補欠分子として関与する生体内反応について説明できる．
SBO13 脂溶性ビタミンを列挙し，各々の構造，基本的性質と生理機能を説明できる．
SBO14 ビタミンの欠乏と過剰による症状を説明できる．

第2章 生命情報を担う遺伝子 …… 31

2.1 ヌクレオチドと核酸 …… 31
SBO15 核酸塩基の代謝（生合成と分解）を説明できる．

SBO16　DNA の構造について説明できる．
SBO17　RNA の構造について説明できる．

2.2　遺伝情報を担う分子 …………………………………………… 41
SBO18　遺伝子発現に関するセントラルドグマについて概説できる．
SBO19　DNA 鎖と RNA 鎖の類似点と相違点を説明できる．
SBO20　ゲノムと遺伝子の関係を説明できる．
SBO21　染色体の構造を説明できる．
SBO22　遺伝子の構造に関する基本的用語（プロモーター，エンハンサー，エキソン，イントロンなど）を説明できる．
SBO23　RNA の種類と働きについて説明できる．

2.3　転写と翻訳のメカニズム ……………………………………… 56
SBO24　DNA から RNA への転写について説明できる．
SBO25　転写の調節について，例を挙げて説明できる．
SBO26　RNA のプロセシングについて説明できる．
SBO27　RNA からタンパク質への翻訳の過程について説明できる．
SBO28　リボソームの構造と機能について説明できる．

2.4　遺伝子の複製・変異・修復 …………………………………… 65
SBO29　DNA の複製の過程について説明できる．
SBO30　遺伝子の変異（突然変異）について説明できる．
SBO31　DNA の修復の過程について説明できる．

2.5　遺伝子多型 ……………………………………………………… 76
SBO32　一塩基多型（SNP）が機能に及ぼす影響について概説できる．

第 3 章　生命活動を担うタンパク質 ……………………………… *81*

3.1　タンパク質の構造と機能 ……………………………………… 81
SBO33　タンパク質の主要な機能を列挙できる．
SBO34　タンパク質の一次，二次，三次，四次構造を説明できる．
SBO35　タンパク質の機能発現に必要な翻訳後修飾について説明できる．

3.2　酵　素 …………………………………………………………… 88
SBO36　酵素反応の特性を一般的な化学反応と対比させて説明できる．
SBO37　酵素を反応様式により分類し，代表的なものについて性質と役割を

説明できる．
SBO38 酵素反応における補酵素，微量金属の役割を説明できる．
SBO39 酵素反応速度論について説明できる．
SBO40 代表的な酵素活性調節機構を説明できる．

3.3 酵素以外の機能タンパク質 ……………………………………104
SBO42 細胞内外の物質や情報の授受に必要なタンパク質（受容体，チャネルなど）の構造と機能を概説できる．
SBO43 物質の輸送を担うタンパク質の構造と機能を概説できる．
SBO44 血漿リポタンパク質の種類と機能を概説できる．
SBO45 細胞内で情報を伝達する主要なタンパク質を列挙し，その機能を概説できる．
SBO46 細胞骨格を形成するタンパク質の種類と役割について概説できる．

3.4 タンパク質の取扱い ……………………………………118
SBO48 タンパク質の分離，精製と分子量の測定法を説明し，実施できる．（知識・技能）
SBO49 タンパク質のアミノ酸配列決定法を説明できる．

第4章 代　謝 …………………………………………… *123*

4.1 栄養素の利用 ……………………………………………………123
SBO50 食物中の栄養成分の消化・吸収，体内運搬について概説できる．

4.2 ATPの産生 ……………………………………………………126
SBO51 ATPが高エネルギー化合物であることを，化学構造をもとに説明できる．
SBO52 解糖系について説明できる．
SBO53 クエン酸回路について説明できる．
SBO54 電子伝達系（酸化的リン酸化）について説明できる．
SBO55 脂肪酸のβ酸化反応について説明できる．
SBO56 アセチルCoAのエネルギー代謝における役割を説明できる．
SBO57 エネルギー産生におけるミトコンドリアの役割を説明できる．
SBO58 ATP産生阻害物質を列挙し，その阻害機構を説明できる．
SBO59 ペントースリン酸回路の生理的役割を説明できる．

SBO60　アルコール発酵，乳酸発酵の生理的役割を説明できる．

4.3　飢餓状態と飽食状態 ··· 155

SBO61　グリコーゲンの役割について説明できる．

SBO62　糖新生について説明できる．

SBO63　飢餓状態のエネルギー代謝（ケトン体の利用など）について説明できる．

SBO64　余剰のエネルギーを蓄えるしくみを説明できる．

SBO65　食餌性の血糖変動について説明できる．

SBO66　インスリンとグルカゴンの役割を説明できる．

SBO67　糖から脂肪酸への合成経路を説明できる．

SBO68　ケト原性アミノ酸と糖原性アミノ酸について説明できる．

第5章　生理活性分子とシグナル分子 ·· *179*

5.1　ホルモン ··· 179

SBO69　代表的なペプチド性ホルモンをあげ，その産生臓器，生理作用および分泌調節機構を説明できる．

SBO70　代表的なアミノ酸誘導体ホルモンをあげ，その構造，産生臓器，生理作用および分泌調節機構を説明できる．

SBO71　代表的なステロイドホルモンをあげ，その構造，産生臓器，生理作用および分泌調節機構を説明できる．

SBO72　代表的なホルモン異常による疾患をあげ，その病態を説明できる．

5.2　オータコイドなど ··· 191

SBO73　エイコサノイドとはどのようなものか説明できる．

SBO74　代表的なエイコサノイドをあげ，その生合成経路を説明できる．

SBO75　代表的なエイコサノイドをあげ，その生理的意義（生理活性）を説明できる．

SBO76　主な生理活性アミン（セロトニン，ヒスタミンなど）の生合成と役割について説明できる．

SBO77　主な生理活性ペプチド（アンギオテンシン，ブラジキニンなど）の役割について説明できる．

SBO78　一酸化窒素の生合成経路と生体内での役割を説明できる．

5.3 神経伝達物質 ……………………………………………………………209
- SBO79 モノアミン系神経伝達物質を列挙し，その生合成経路，分解経路，生理活性を説明できる．
- SBO80 アミノ酸系神経伝達物質を列挙し，その生合成経路，分解経路，生理活性を説明できる．
- SBO81 ペプチド系神経伝達物質を列挙し，その生合成経路，分解経路，生理活性を説明できる．
- SBO82 アセチルコリンの生合成経路，分解経路，生理活性を説明できる．

5.4 サイトカイン・増殖因子 …………………………………………………219
- SBO83 代表的なサイトカインをあげ，それらの役割を概説できる．
- SBO84 代表的な増殖因子をあげ，それらの役割を概説できる．

5.5 細胞内情報伝達 ………………………………………………………225
- SBO86 細胞内情報伝達に関与するセカンドメッセンジャーおよびカルシウムイオンなどを，具体例をあげて説明できる．
- SBO87 細胞膜受容体からGタンパク質系を介して細胞内へ情報を伝達する経路について概説できる．
- SBO88 細胞膜受容体タンパク質などのリン酸化を介して情報を伝達する主な経路について概説できる．
- SBO89 代表的な核内（細胞内）受容体の具体例をあげて説明できる．

第6章 遺伝子を操作する …………………………………………………*237*

6.1 遺伝子操作の基本 ……………………………………………………237
- SBO90 組換えDNA技術の概要を説明できる．

6.2 遺伝子のクローニング技術 …………………………………………240
- SBO95 遺伝子クローニング法の概要を説明できる．
- SBO96 cDNAとゲノムDNAの違いについて説明できる．
- SBO97 遺伝子ライブラリーについて説明できる．
- SBO98 PCR法による遺伝子増幅の原理を説明し，実施できる．
- SBO99 RNAの逆転写と逆転写酵素について説明できる．
- SBO100 DNA塩基配列の決定法を説明できる．

6.3 遺伝子機能の解析技術 ………………………………………………251

SBO102 細胞（組織）における特定の DNA および RNA を検出する方法を説明できる．

SBO103 外来遺伝子を細胞中で発現させる方法を概説できる．

第7章　生体分子の立体構造と相互作用 ……………………………… *259*

7.1　立体構造 …………………………………………………………… 259

SBO106 生体分子（タンパク質，核酸，脂質など）の立体構造を概説できる．

SBO108 タンパク質の立体構造を規定する因子（疎水性相互作用，静電的相互作用，水素結合など）について，具体例を用いて説明できる．

SBO111 生体膜の立体構造を規定する相互作用について，具体例をあげて説明できる．

7.2　相互作用 ………………………………………………………………265

SBO112 鍵と鍵穴モデルおよび誘導適合モデルについて，具体例をあげて説明できる．

SBO114 脂質の水中における分子集合構造（膜，ミセル，膜タンパク質など）について説明できる．

索　引 ……………………………………………………………………… *271*

1 細胞を構成する分子

1.1 ◆ 脂　質

到達目標　脂質を分類し，構造の特徴と役割を説明できる．

・脂質の構造

> **問題 1.1**　以下の構造を有する脂質は次のうち，どれか．
>
>
>
> 1　パルミチン酸
> 2　ホスファチジルコリン
> 3　ホスファチジルイノシトール
> 4　スフィンゴミエリン
> 5　コレステロール

キーワード　脂肪酸，グリセロリン脂質，スフィンゴ脂質，ステロイド，テルペノイド

解　説　問の構造式は，スフィンゴミエリンであり，正解は4である．構造式を覚えていなくても，グリセロール骨格をもたないので，グリセロリン脂質ではないことから消去法でも正解することができる．

[正解]　4

1. 細胞を構成する分子

・脂質の構造

問題 1.2 以下の構造を有する脂質は次のうち，どれか．

1 パルミチン酸
2 エストラジオール
3 ホスファチジルイノシトール
4 スフィンゴシン
5 コルチゾール

解説 問の構造式は，女性ホルモンのエストラジオールである．A環がベンゼン環になっているのが特徴である．

正解 2

・脂質の構造

問題 1.3 以下の構造を有する脂質は次のうち，どれか．

1 パルミチン酸
2 スフィンゴミエリン
3 ホスファチジルセリン
4 スフィンゴシン
5 コレステロール

解説 問の構造式は，スフィンゴシンであり，正解は4である．スフィン

ゴシンは2位にアミノ基，3位に脂肪鎖が結合しているので，特徴を捉えておく．

正解　4

・ステロイド骨格を有する脂質

問題 1.4　次のうち，ステロイド骨格を有するものはどれか．
　　1　プラスマローゲン
　　2　グリココール酸
　　3　パルミチン酸
　　4　カプリル酸
　　5　ベヘン酸

解説　コレステロールからグリココール酸が生合成される．よって，ステロイドの構造を有するのは，2のグリココール酸．

正解　2

到達目標　脂肪酸の種類と役割を説明できる．

・不飽和脂肪酸

問題 1.5　不飽和脂肪酸は次のうち，どれか．
　　1　パルミチン酸
　　2　ステアリン酸
　　3　ミリスチン酸
　　4　ラウリン酸
　　5　アラキドン酸

キーワード　飽和脂肪酸，不飽和脂肪酸，必須脂肪酸，アラキドン酸

解説 アラキドン酸は4個の不飽和部位を有する脂肪酸である．正解は5である．アラキドン酸はエイコサノイド生合成の原料でもあり，その構造の特徴をしっかり覚えておく．

正解 5

・エイコサノイド

問題 1.6　エイコサノイドの原料となる脂肪酸は次のうち，どれか．
　　1　パルミチン酸
　　2　ステアリン酸
　　3　ミリスチン酸
　　4　ラウリン酸
　　5　アラキドン酸

解説 正解はアラキドン酸の5．アラキドン酸に分子酸素が付加してエイコサノイドになる．

正解 5

・必須脂肪酸

問題 1.7　必須脂肪酸は次のうち，どれか．
　　1　パルミチン酸
　　2　ステアリン酸
　　3　ミリスチン酸
　　4　ラウリン酸
　　5　アラキドン酸

解説 ヒトはアラキドン酸を合成することができない．食物由来のリノール酸，リノレン酸から合成する．よって，正解は5のアラキドン酸．

正解 5

到達目標 脂肪酸の生合成経路を説明できる.

・脂肪酸の生合成

問題 1.8 脂肪酸の生合成の材料は次のうち,どれか.
1 アセチル CoA
2 スクアレン
3 HMG-CoA
4 イソペンテニルリン酸
5 リボース 5-リン酸

キーワード　アセチル CoA,マロニル CoA,ビオチン,アシルキャリヤープロテイン,NADPH

解説　脂肪酸はアセチル CoA を材料として,炭素 2 個単位で縮合する.スクアレン,HMG-CoA,イソペンテニルリン酸は,コレステロール合成の中間代謝産物である.

正解　1

・脂肪酸の生合成 —補酵素—

問題 1.9 脂肪酸の生合成に必要な補酵素は次のうち,どれか.
1 NADPH
2 NADH
3 チアミンピロリン酸
4 メチルコバラミン(アデノシルコバラミン)
5 ピリドキサールリン酸

解説　脂肪酸の生合成は,アセチル CoA の NADPH による還元縮合によ

り生じる.

正解　1

・脂肪酸の生合成 ―タンパク質―

問題 1.10 脂肪酸の生合成に必要なタンパク質は次のうち，どれか.
1　アポリポプロテイン
2　シャペロン
3　アシルキャリヤープロテイン（ACP）
4　サイクリン
5　プロテインキナーゼ

解説　脂肪酸の生合成においては，合成途中の脂肪鎖をアシルキャリヤープロテインが保持する.

正解　3

到達目標　コレステロールの生合成経路と代謝を説明できる.

・コレステロールの生合成

問題 1.11　コレステロールの生合成経路の中間代謝物は次のうち，どれか.
1　パルミチン酸
2　ステアリン酸
3　メバロン酸
4　ラウリン酸
5　アラキドン酸

キーワード　HMG-CoA，メバロン酸，HMG-CoA還元酵素，スクアレン，胆汁酸，脂溶性ホルモン

1.1 脂 質

解 説 コレステロールの生合成は，メバロン酸を介して行われる．HMG-CoA からメバロン酸への段階は，薬剤の標的となっている．

正解 3

・コレステロールの生合成 ―酵素―

問題 1.12 コレステロールの生合成に必要な酵素は次のうち，どれか．
1 チミジル酸シンターゼ
2 グリセルアルデヒド・デヒドロゲナーゼ
3 HMG-CoA 還元酵素
4 ジヒドロ葉酸還元酵素
5 ヒポキサンチングアニンホスホリボシルトランスフェラーゼ

解 説 HMG-CoA 還元酵素はコレステロール生合成の律速酵素である．これを阻害する薬がスタチン類などであり，薬理学との関連でも重要な酵素である．

正解 3

・コレステロールから生合成されるホルモン

問題 1.13 コレステロールを経て生合成されるホルモンは次のうち，どれか．
1 インスリン
2 エストラジオール
3 甲状腺ホルモン
4 レプチン
5 ヒスタミン

解 説 コレステロールは，テストステロン（男性ホルモン），エストラジオール（女性ホルモン），グルココルチコイド，ミネラルコルチコ

イドなど幾つかの脂溶性ホルモンの原料である．ここでは 2 が正解である．

正解　2

1.2 ◆ 糖　質

到達目標　グルコースの構造，性質，役割を説明できる．

・グルコースの構造

問題 1.14　グルコースは何炭糖か．
1　三炭糖
2　四炭糖
3　五炭糖
4　六炭糖
5　七炭糖

キーワード　還元性，六炭糖，開環・閉環

解　説　グルコースは六炭糖，リボースは五炭糖など，代表的な糖の炭素の数は覚えておく．

正解　4

・グルコース

問題 1.15　グルコースの記述のうち，**誤っているもの**はどれか．
1　鎖状構造をピラノースという．
2　環状構造には α 型と β 型の 2 種類が存在する．
3　鎖状構造にも環状構造にもなりうる．
4　還元性を有する．

5 鎖状構造の場合，アルデヒド基を有する．

解説 環状構造をピラノース環という．

正解 1

到達目標 グルコース以外の代表的な単糖，および二糖の種類，構造，性質，役割を説明できる．

・糖の構造

問題 1.16 核酸の成分として含まれる糖は次のうち，どれか．
1 ガラクトース
2 リボース
3 キシロース
4 スクロース
5 グリセロアルデヒド

キーワード リボース，デオキシリボース，ガラクトース，フルクトース，スクロース，ラクトース

解説 RNA に含まれるのはリボース，DNA に含まれるのはデオキシリボースである．ここでは正解は 2．

正解 2

・還元性のない糖

> 問題 1.17　還元性のない糖（単糖もしくは二糖）は次のうち，どれか．
> 1　マンノース
> 2　スクロース
> 3　マルトース
> 4　ラクトース
> 5　グルコース

解説　スクロースは還元性を有するアルデヒドを生じることができない．よって正解はスクロースの2．

正解　2

・ラクトース

> 問題 1.18　ラクトースを加水分解することにより生じる単糖は次のうち，どれか．
> 1　ガラクトース
> 2　キシロース
> 3　フルクトース
> 4　マンノース
> 5　リボース

解説　ラクトースを加水分解することにより，ガラクトースとグルコースを生じる．

正解　1

1.2 糖質

到達目標 代表的な多糖の構造と役割を説明できる.

・グリコーゲン

> **問題 1.19** グリコーゲンを主に貯蔵している組織はどこか.
> 1　脳
> 2　膵臓
> 3　肝臓
> 4　胃
> 5　大腸

キーワード グリコーゲン, ヒアルロン酸, コンドロイチン硫酸, ヘパリン

解説 グリコーゲンは肝臓・筋肉などで合成され, 糖の貯蔵が行われる. ここでは正解は3.

正解 3

・ヒアルロン酸

> **問題 1.20** ヒアルロン酸が比較的多く含まれている組織はどこか.
> 1　軟骨
> 2　臍帯
> 3　大動脈
> 4　腱
> 5　骨

解説 ヒアルロン酸は臍帯, 硝子体, 関節液, 皮膚, 心弁膜などに含まれる. ここでは正解は2.

正解 2

・コンドロイチン硫酸

問題 1.21　コンドロイチン硫酸が含まれている組織はどこか．
1　硝子体
2　関節液
3　軟骨
4　心膜
5　大動脈

解説　コンドロイチン硫酸は軟骨，骨に含まれている．

正解　3

1.3 ◆ アミノ酸

到達目標　アミノ酸を列挙し，その構造に基づいて性質を説明できる．

・塩基性アミノ酸

問題 1.22　塩基性アミノ酸は次のうち，どれか．
1　バリン
2　ロイシン
3　アルギニン
4　セリン
5　メチオニン

キーワード　酸性・塩基性アミノ酸，親水性・疎水性アミノ酸，芳香族アミノ酸，イミノ酸

解説　バリン，ロイシンは疎水性，セリンは水酸基を有し親水性，メチオ

ニンは硫黄原子を含む疎水性アミノ酸．正解はアルギニンの3．

(正解) 3

・芳香族アミノ酸

問題 1.23 芳香族アミノ酸は次のうち，どれか．
1 タウリン
2 メチオニン
3 プロリン
4 トリプトファン
5 リシン

解説 芳香族アミノ酸はトリプトファン，チロシン，フェニルアラニンの3種類．

(正解) 4

・イミノ酸

問題 1.24 イミノ酸は次のうち，どれか．
1 アラニン
2 プロリン
3 チロシン
4 ヒスチジン
5 トリプトファン

解説 正解はプロリンである．プロリンは20種のアミノ酸のうち，唯一のイミノ酸．

(正解) 2

1. 細胞を構成する分子

到達目標 アミノ酸分子中の炭素および窒素の代謝について説明できる．

・アミノ基転移

> **問題 1.25** アミノ基転移に必要な補酵素はどれか．
> 1 ビオチン
> 2 ピリドキサールリン酸
> 3 チアミンピロリン酸
> 4 アデノシルコバラミン
> 5 アスコルビン酸

キーワード アミノ基転移，酸化的脱アミノ化，尿素回路

解説 アミノ酸のアミノ基転移に必要な補酵素は，ピリドキサールリン酸の2．ビオチンは炭酸固定，チアミンピロリン酸は脱炭酸，アスコルビン酸はプロリンの水酸化などに用いられる補酵素である．

正解 2

・ピルビン酸とアミノ基転移

> **問題 1.26** ピルビン酸はアミノ基を受け取ると，何というアミノ酸になるか．
> 1 アラニン
> 2 ロイシン
> 3 イソロイシン
> 4 バリン
> 5 セリン

解説 アミノ基転移により，ピルビン酸とアラニンが変換される．

正解 1

・尿素回路

> 問題 1.27 尿素回路の反応は，細胞内のどこで行われるか．
>   1 小胞体
>   2 ミトコンドリアと細胞質
>   3 核
>   4 ゴルジ体
>   5 リソソーム

解説 尿素回路は，ミトコンドリアと細胞質にまたがって行われる．

正解 2

1.4 ◆ ビタミン

到達目標 水溶性ビタミンを列挙し，各々の構造，基本的性質，補酵素や補欠分子として関与する生体内反応について説明できる．

・水溶性ビタミンの構造

> 問題 1.28 水溶性ビタミンの構造に関する記述のうち，正しいものはどれか．
>   1 すべての水溶性ビタミンは，その構造中に窒素原子をもつ．
>   2 ビタミン B_1，ビタミン B_6，ナイアシンは，すべてピリジン核をもつ．
>   3 ビタミン B_2 は，プテリジン核をもつ．
>   4 ビタミン B_{12} はラクトン環に鉄が配位した構造をもつ．
>   5 パントテン酸は，構造中にアミノ酸を含む．

1. 細胞を構成する分子

キーワード ピリミジン核, チアゾール核, イソアロキサジン核, リビトール基, ピリジン核, プテリジン核, p-アミノ安息香酸, ラクトン環, コリン環, コバルト, β-アラニン, グルタミン酸, 窒素原子

解説 1 (×) 水溶性ビタミンのうち, ビタミンC (L-アスコルビン酸) だけは, その構造中に窒素原子をもたない.

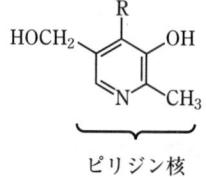

ビタミンC (アスコルビン酸)

2 (×) ビタミンB_6 (ピリドキシン, ピリドキサール, ピリドキサミン) とナイアシンは**ピリジン核**をもつが, ビタミンB_1 (チアミン) は, **ピリミジン核**とチアゾール核をもつ.

R=CH_2OH : ピリドキシン	R=OH : ニコチン酸
R=CHO : ピリドキサール	R=NH_2 : ニコチン酸アミド
R=CH_2NH_2 : ピリドキサミン	

ピリジン核
ビタミンB_6

ピリジン核
ナイアシン

ピリミジン核　チアゾール核

ビタミンB_1 (チアミン)

3 (×) ビタミンB_2 (リボフラビン) は, イソアロキサジン核とリビトール基をもつ.

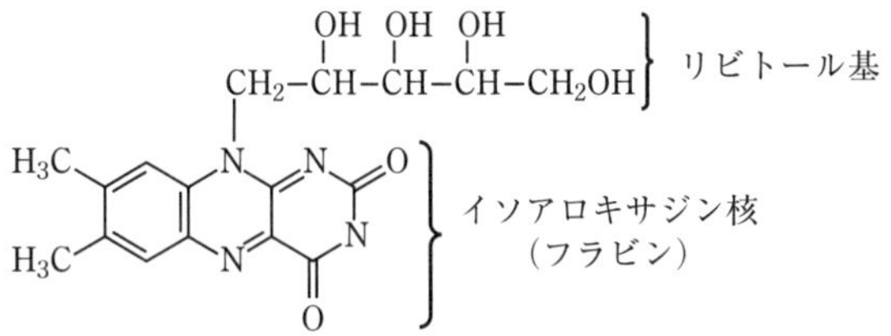

ビタミン B₂（リボフラビン）

4（×） ビタミン B₁₂ はコリン環にコバルトが配位した構造をもつ．ラクトン環をもつ水溶性ビタミンはビタミン C（アスコルビン酸）である．

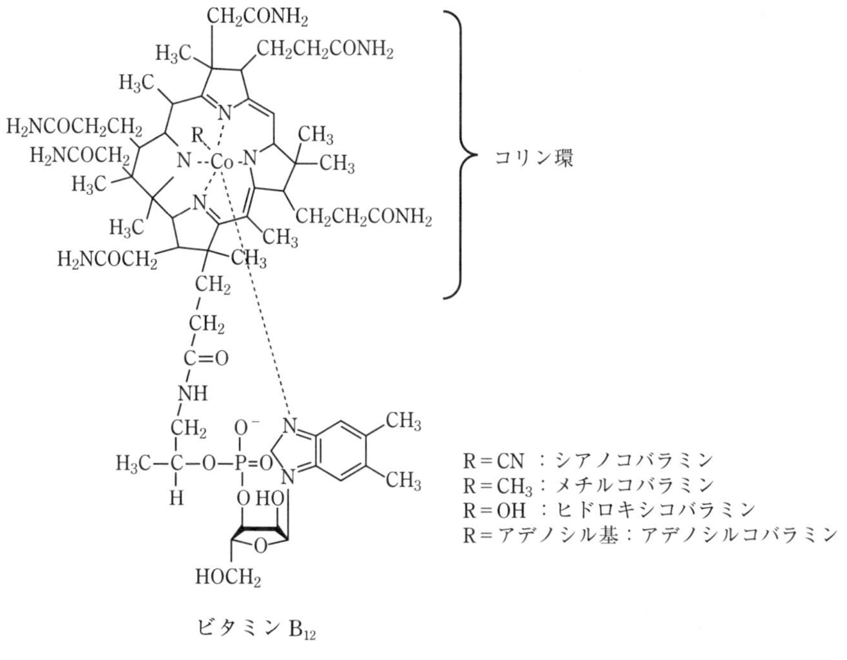

R = CN ：シアノコバラミン
R = CH₃：メチルコバラミン
R = OH ：ヒドロキシコバラミン
R = アデノシル基：アデノシルコバラミン

ビタミン B₁₂

5（○） 葉酸はその構造中にプテリジン核，p-アミノ安息香酸，グルタミン酸を含み，パントテン酸はその構造中に β-アラニンを含む．

正解　5

葉酸の構造図：プテリジン核－p-アミノ安息香酸－グルタミン酸

パントテン酸の構造図：β-アラニン部分を含む

・水溶性ビタミンの性質

> **問題 1.29** 水溶性ビタミンの生合成と吸収に関する記述のうち，正しいものはどれか．
> 1 ナイアシンは，ヒトの体内でトリプトファンから生合成される．
> 2 ビタミンCは，ヒト体内でグルコースからウロン酸経路を経て生合成される．
> 3 生卵白中のアビジンは，チアミンと結合して吸収を阻害する．
> 4 ビタミン B_6 の吸収には，胃粘膜の壁細胞から分泌される内因子が必要である．
> 5 ビタミン B_{12} は，ヒトの腸内細菌では生合成されない．

キーワード 生合成，腸内細菌，アビジン，吸収，胃，内因子

解説
1（○）水溶性ビタミンのうち，ナイアシンだけがヒトの体内でトリプトファンから生合成されるが，その量は十分でないため，食事から摂取しなければならない．
2（×）ヒトはL-グロノラクトンオキシダーゼを欠損しているため，ビタミンCを生合成することができない．
3（×）生卵白中のアビジン（塩基性タンパク質）は，ビオチンと結合して吸収を阻害する．
4（×）吸収に胃粘膜の壁細胞から分泌される内因子が必要なのは，ビタミン B_{12} である．

5（×） 水溶性ビタミンのうち，ビタミン B_2，B_6，B_{12}，葉酸，パントテン酸，ビオチンは，ヒトの腸内細菌で生合成される．

（正解） 1

・水溶性ビタミンの補酵素としての働き

問題 1.30 水溶性ビタミンの生体内での働きに関する記述のうち，正しいものはどれか．
1 ビタミン B_1 は，脂肪酸の β 酸化反応に関与する．
2 ビタミン B_2 は，NAD^+，$NADP^+$ となり，生体内の酸化還元反応の補酵素として機能する．
3 ビタミン B_6 の生体内における活性型はチアミンピロリン酸であり，糖質代謝の酸化的脱炭酸反応に関与する．
4 ビタミン B_{12} の生体内における活性型にはメチルコバラミンがあり，メチル基運搬体として働く．
5 パントテン酸は，カルボキシラーゼの補酵素として炭酸固定反応や炭素転移反応に関与する．

キーワード 糖質代謝，脂質代謝，アミノ酸の代謝，酸化還元反応，酸化的脱炭酸反応，メチル基転移反応，アミノ基転移反応，アミノトランスフェラーゼ（トランスアミナーゼ），炭酸固定反応，炭素転移反応，カルボキシラーゼ，CoA

解説 1（×） 脂肪酸の β 酸化反応に関与する水溶性ビタミンは，ビタミン B_2（FAD）やナイアシン（NAD^+）である．
2（×） ビタミン B_2 は，FMN，FAD となり，生体内の酸化還元反応の補酵素として機能する．NAD^+，$NADP^+$ は，ナイアシンより生合成され，同様に生体内の酸化還元反応の補酵素として機能する．
3（×） ビタミン B_6 の活性型はピリドキサールリン酸であり，アミノトランスフェラーゼ（トランスアミナーゼ）の補酵素

として，アミノ酸のアミノ基転移反応に関与する．チアミンピロリン酸（TPP）はビタミン B_1 の活性型であり，糖質代謝において，ピルビン酸や α-ケトグルタル酸の酸化的脱炭酸反応の補酵素として働く．

4（○）

5（×） パントテン酸は，生体内で CoA となり，糖質・脂質代謝において重要な働きをする．カルボキシラーゼの補酵素として炭酸固定反応や炭素転移反応に関与するのは，ビオチンである．

正解　4

◆ 確認問題 ◆

次の文の正誤を判別し，○×で答えよ．

□□□　1　構造中に硫黄原子をもつ水溶性ビタミンは，ビタミン B_1 とビオチンだけである．

□□□　2　ビタミン B_1 の水溶液は蛍光を放つ．

□□□　3　ビタミン B_{12} は，新鮮な緑黄色野菜に多く存在する．

□□□　4　葉酸は，生体内では 5,6,7,8-テトラヒドロ葉酸となり，核酸の生合成に関与する．

□□□　5　ビタミンCは，コラーゲン合成におけるプロリンやリジンの水酸化反応に関与する．

□□□　6　ビタミンCは，生体膜中で起こる過酸化反応を防御する．

□□□　7　ビタミンCは，Fe^{3+} を Fe^{2+} に還元することで，無機鉄の吸収を助ける．

正解と解説

1（○）

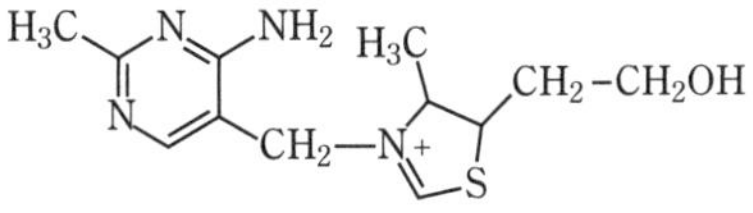

ビタミン B₁（チアミン） 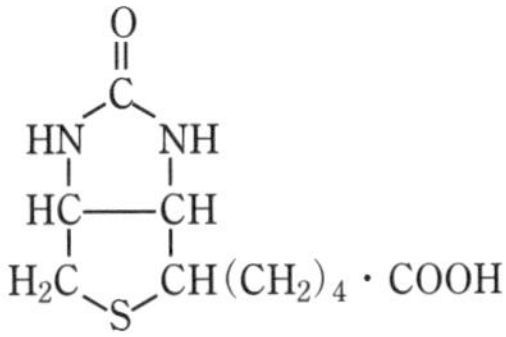　　　　　　　ビオチン

2（×）　水溶液が蛍光を放つのは，ビタミン B₂ である．
3（×）　ビタミン B₁₂ は，新鮮な緑黄色野菜に存在せず，動物の肝臓や酵母に多く存在する．
4（○）
5（○）
6（×）　ビタミン C は強い抗酸化作用をもつが，生体膜中の過酸化反応を防ぐ作用は弱い．生体膜中では，脂溶性ビタミンのビタミン E が強い抗酸化作用を発揮する．
7（○）

到達目標　脂溶性ビタミンを列挙し，各々の構造，基本的性質と生理機能を説明できる．

・脂溶性ビタミンの構造

問題 1.31　次の化合物のうち，脂溶性ビタミンはどれか．

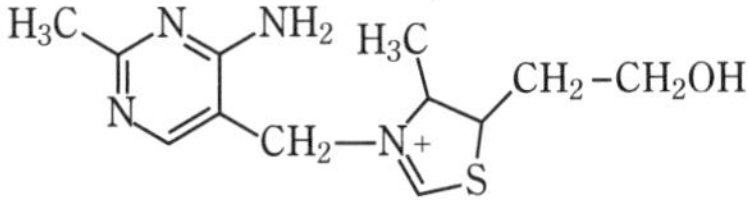

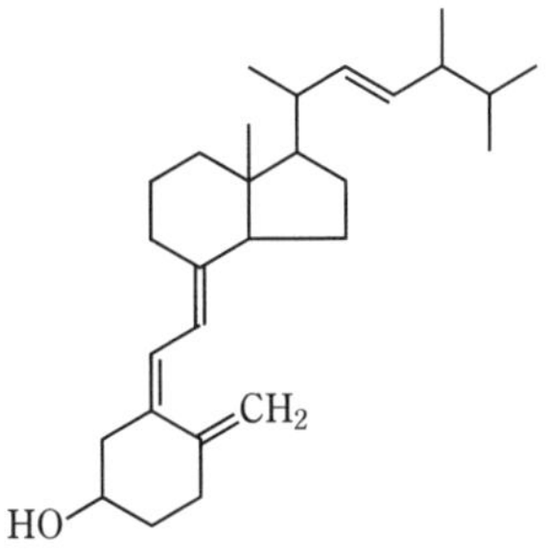

22   1. 細胞を構成する分子

3

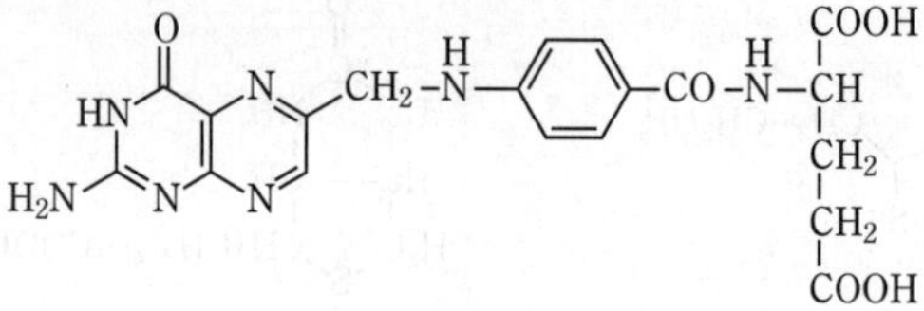

[葉酸の構造式]

4

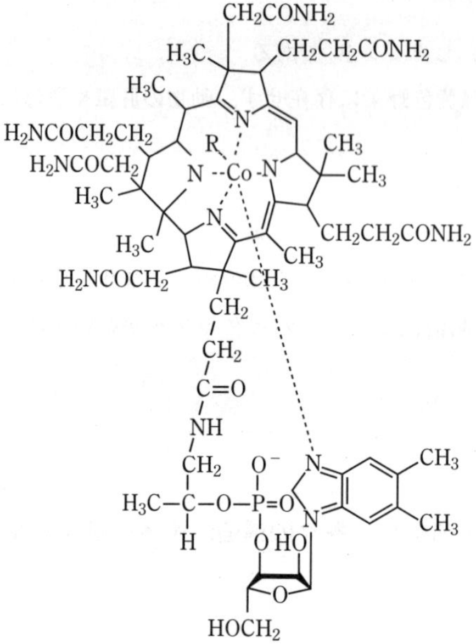

[ビタミンB_{12}の構造式]

5

[ピリドキサミンの構造式]

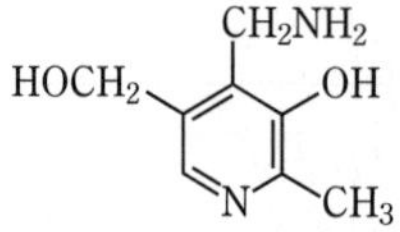

キーワード 脂溶性ビタミン,ビタミンB_1,ビタミンD_3,葉酸,ピリドキサミン(ビタミンB_6),ビタミンB_{12}

解説 1(×) ビタミンB_1
2(○) ビタミンD_3
3(×) 葉酸

4（×） ピリドキサミン（ビタミン B_6）
5（×） ビタミン B_{12}

[正解] 2

・脂溶性ビタミンの構造

> **問題 1.32** 脂溶性ビタミンの構造に関する記述のうち，**誤っているもの**はどれか．
> 1 ビタミンAは，ヨノン核をもつ．
> 2 ビタミンEは，クロマン核をもつ．
> 3 ビタミンKは，ベンゾキノン核をもつ．
> 4 脂溶性ビタミンは，すべてイソプレンの重合体を基本構造とする．
> 5 ビタミンDはイソプレノイド鎖をもたない．

キーワード ヨノン核，クロマン核，ベンゾキノン核，ナフトキノン核，イソプレノイド鎖，イソプレン

解説 1（○）

$R = CH_2OH$：レチノール
$R = CHO$　：レチナール
$R = COOH$：レチノイン酸

ビタミンA

2（○）

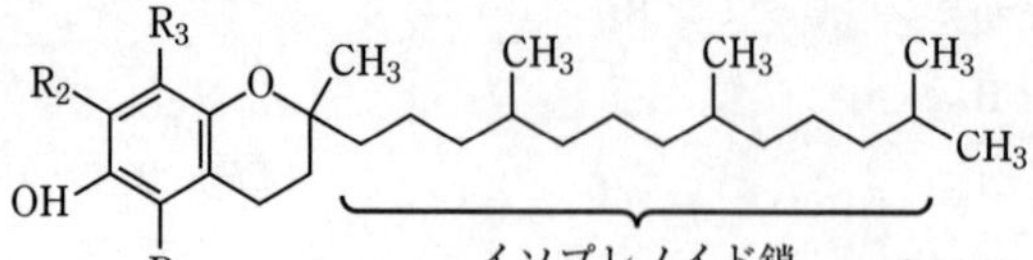

ビタミンE（トコフェロール）

α-トコフェロール：$R_1 = CH_3$, $R_2 = CH_3$, $R_3 = CH_3$
β-トコフェロール：$R_1 = CH_3$, $R_2 = H$, $R_3 = CH_3$
γ-トコフェロール：$R_1 = H$, $R_2 = CH_3$, $R_3 = CH_3$
δ-トコフェロール：$R_1 = H$, $R_2 = H$, $R_3 = CH_3$

クロマン核／イソプレノイド鎖

3（×）ビタミンKは，ナフトキノン核をもつ．ベンゾキノン核は，ビタミン様物質であるコエンザイムQ（ユビキノン）の基本骨格である．

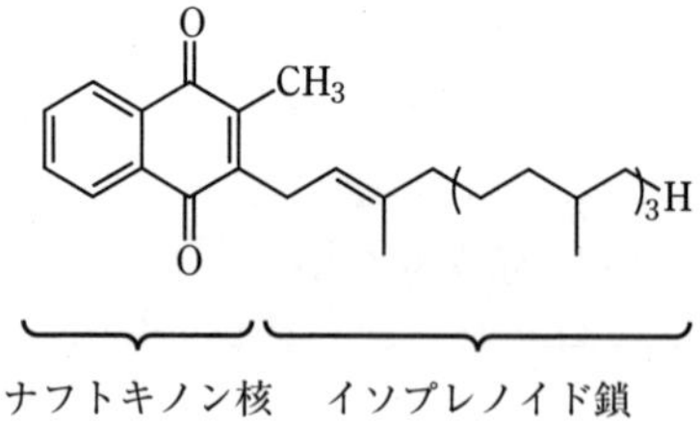

ビタミンK_1（フィロキノン）：ナフトキノン核／イソプレノイド鎖

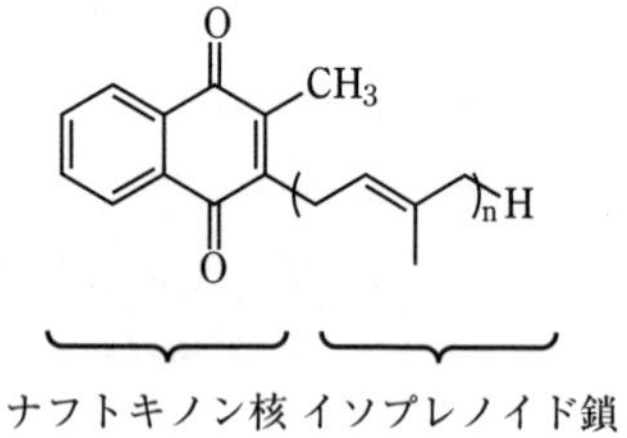

ビタミンK_2（メナキノン）：ナフトキノン核／イソプレノイド鎖

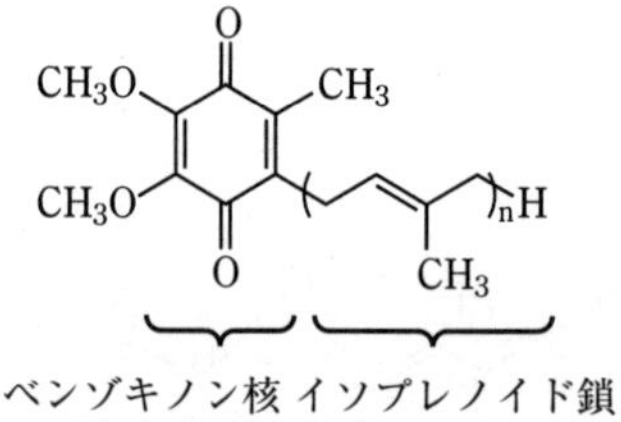

コエンザイムQ（ユビキノン）：ベンゾキノン核／イソプレノイド鎖

4（○）

5（○）脂溶性ビタミンのうち，ビタミンDだけがイソプレノイド鎖をもたない．

ビタミン D₂（エルゴカルシフェロール）　ビタミン D₃（コレカルシフェロール）

正解　3

・脂溶性ビタミンの性質

> 問題 1.33　脂溶性ビタミンに関する記述のうち，正しいものはどれか．
> 1　脂溶性ビタミンはヒトの体内で生合成されない．
> 2　脂質は脂溶性ビタミンの吸収を阻害する．
> 3　脂溶性ビタミンは，水溶性ビタミンに比べて吸収が悪く排泄されやすい．
> 4　ヒト腸内細菌で生合成される脂溶性ビタミンはない．
> 5　脂溶性ビタミンの多くは，生体内で特異的な結合タンパク質に結合して運搬される．

キーワード　吸収，排泄，生合成，コエンザイム Q，ビタミン様物質，腸内細菌，結合タンパク質，運搬

解説　1（×）　脂溶性ビタミンのうち，ビタミン D_3 はヒトの体内で生合成されるが，その量は十分でないため，食事から摂取しなければならない．
　　　2（×）　脂溶性ビタミンは，食事中の脂質と共に吸収される．
　　　3（×）　脂溶性ビタミンは，水溶性ビタミンに比べて吸収が良く，排泄されにくい．そのため，体内に蓄積して，過剰症がみ

られるものもある．
4（×） 脂溶性ビタミンのうち，ビタミンKのみがヒト腸内細菌で生合成される．
5（○） ビタミンA，ビタミンD，ビタミンEに特異的な結合タンパク質の存在が知られている．

正解　5

・脂溶性ビタミンの生理作用

問題 1.34 脂溶性ビタミンの生理機能に関する記述のうち，**誤っている**ものはどれか．
1　ビタミンAの活性型である 11-*cis*-レチナールは，網膜における光受容体の機能に関与する．
2　レチノイン酸は核内受容体と結合して生理作用を発揮する．
3　ビタミンEは，生体膜中で強い抗酸化作用を発揮する．
4　ビタミンDの活性型であるビタミン D_2 や D_3 は，小腸からのカルシウムやリン酸の吸収を促進する．
5　ビタミンKは，プロトロンビンの生合成に関与する．

キーワード　11-*cis*-レチナール，網膜，光受容体，レチノイン酸，核内受容体，抗酸化作用，水酸化，1α,25-ジヒドロキシビタミンD，カルシトリオール，プロトロンビン，血液凝固

解説
1（○）
2（○）
3（○）
4（×） ビタミン D_2 や D_3 は，活性型ではない．これらは最初肝臓で25位が，次に腎臓で1位が水酸化されて活性型になる．ビタミン D_3（コレカルシフェロール）の活性型（1α,25-ジヒドロキシビタミン D_3）はカルシトリオールという．
5（○） ビタミンKは，プロトロンビンの合成に関与し，血液凝

固に関与する.

正解　4

◆ 確認問題 ◆

次の文の正誤を判別し，○×で答えよ．
- □□□ 1　動物体内で，1分子の β-カロテンは2分子のビタミンAに変換する．
- □□□ 2　日光に当たらないと，ビタミンDは不足する．
- □□□ 3　活性型ビタミンDは，標的細胞の細胞膜上にある受容体に結合して生理作用を発揮する．
- □□□ 4　α-, β-, γ-, δ-トコフェロールは，すべて同等のビタミンE活性をもつ．

正解と解説
1（×）　1分子の β-カロテンからは，2分子のビタミンAが生成する．一方，1分子の α-カロテンあるいは γ-カロテンからは，1分子のビタミンAが生成する．
2（○）　エルゴステロールからビタミン D_2 への変換，あるいは7-デヒドロコレステロールからビタミン D_3 への変換には，紫外線が必要である．エルゴステロールや7-デヒドロコレステロールは，プロビタミンDともいう．
3（×）　活性型ビタミンDは，核内受容体と結合し，カルシウムやリン酸の吸収に関係する遺伝子（カルシウム結合タンパク質）の発現を調節する．
4（×）　ビタミンE活性が最も強いのは，α-トコフェロールである．

到達目標　ビタミンの欠乏と過剰による症状を説明できる．

・ビタミンの過剰症

問題 1.35　ビタミンとその過剰症の組合せで，正しいものはどれか．
1　ビタミンA ——— 催奇形性
2　ビタミンD ——— くる病
3　ビタミンE ——— 不妊（ラットなど）
4　ビタミンK ——— 血液凝固障害（出血傾向）

28 1. 細胞を構成する分子

| 5　パントテン酸 ―― 皮膚炎 |

キーワード　催奇形性，異常石灰化，くる病，骨軟化症，生殖機能障害（不妊），血液凝固障害，ウェルニッケ脳症

解説
1（○）　欠乏症は夜盲症．
2（×）　ビタミンDの過剰症は，高カルシウム血症による異常石灰化．小児にみられるくる病は，ビタミンDの欠乏症である．成人におけるビタミンDの欠乏症は，骨軟化症．
3（×）　ビタミンEの過剰症は知られていない．ラットなどのげっ歯類では，ビタミンEの欠乏症として生殖機能障害（不妊）がみられる．
4（×）　ビタミンKの過剰症は知られていない．血液凝固障害（出血傾向）は，ビタミンKの欠乏症である．
5（×）　水溶性ビタミンに過剰症はない．パントテン酸の欠乏で皮膚炎や貧血が起こるが，まれである．

正解　1

・ビタミンの欠乏による症状

問題 1.36　ビタミンの欠乏症に関する記述のうち，**誤っているもの**はどれか．
1　葉酸が欠乏すると赤血球の分化ができなくなり，貧血が起こる．
2　ビタミンAは網膜の光受容体に関与するため，不足すると夜間の視力障害が起こる．
3　十分な太陽光線を浴びないとビタミンDが不足し，骨折しやすくなる．
4　ビタミンCが欠乏すると，コラーゲンが合成できなくなり，歯茎や皮下からの出血が起こる．
5　ビタミンKが不足すると，血液凝固機構が活性化されて，血管内に血栓が生じる．

キーワード　巨赤芽球性貧血，夜盲症，骨軟化症，壊血病，血液凝固障害

解説　1（○）　巨赤芽球性貧血．
2（○）　夜盲症．
3（○）　骨軟化症．プロビタミンDからビタミンDへの変換に紫外線が必要である．
4（○）　壊血病．
5（×）　ビタミンKは，血液凝固機構のプロトロンビン生合成に関与するため，不足すると血液凝固障害（出血傾向）を起こす．

正解　5

◆ 確認問題 ◆

次の文の正誤を判別し，○×で答えよ．
□□□　1　ビタミンB_1（チアミン）が欠乏すると，神経障害を起こす．
□□□　2　ビタミンB_2の欠乏症は，口角炎，口唇炎，脂漏性皮膚炎である．
□□□　3　ビタミンB_6の欠乏症は，脂漏性皮膚炎，神経炎である．
□□□　4　ビタミンB_{12}や葉酸の欠乏で起こる貧血は，鉄を経口投与することで改善される．
□□□　5　悪性貧血は，ビタミンB_{12}を経口投与することで改善される．
□□□　6　ビオチンが不足すると，ペラグラと呼ばれる皮膚炎，消化管障害，痴呆が起こる．
□□□　7　ビタミンKは腸内細菌に依存しているため，新生児にまれに頭蓋内出血がみられる．

正解と解説
1（○）　ビタミンB_1（チアミン）の欠乏で起こる脚気は末梢神経障害，ウェルニッケ脳症は中枢神経障害である．

2（○）

3（○）

4（×）　悪性貧血や巨赤芽球性貧血は，鉄欠乏性の貧血ではないため，鉄を摂取して

も改善されない．

5（×）　悪性貧血は，ビタミン B_{12} の吸収に必要な，胃から分泌される内因子の欠如によるためであり，このような患者にビタミン B_{12} を経口投与しても症状は改善されない．胃を切除した患者でしばしばみられる．

6（×）　ペラグラは，ナイアシンの欠乏症である．ビオチンの欠乏症は皮膚炎．

7（○）

2 生命情報を担う遺伝子

2.1 ◆ ヌクレオチドと核酸

到達目標 核酸塩基の代謝（生合成と分解）を説明できる.

・プリンヌクレオチドの生合成

> **問題 2.1** ヒトでのプリンヌクレオチドの生合成に直接関与しない化合物を選べ.
> 1 グルタミン
> 2 グリシン
> 3 カルバモイルリン酸
> 4 10-ホルミル-テトラヒドロ葉酸
> 5 アスパラギン酸

キーワード *de novo*（デノボ）経路，サルベージ経路，プリン塩基，アデニン，グアニン，ヒポキサンチン

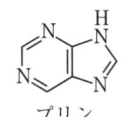

プリン　　ピリミジン

プリン骨格とピリミジン骨格

解説 1（○）プリン塩基の窒素原子の一部はグルタミンのアミド基由来.
2（○）プリン塩基の窒素原子の一部はグリシン由来.

32　2. 生命情報を担う遺伝子

3（×）　カルバモイルリン酸は，ピリミジンヌクレオチドの合成に関与する．
4（○）　10-ホルミル-テトラヒドロ葉酸は，一原子炭素転移に関与する．
5（○）　アスパラギン酸のアミノ基も，プリン骨格の窒素になる．

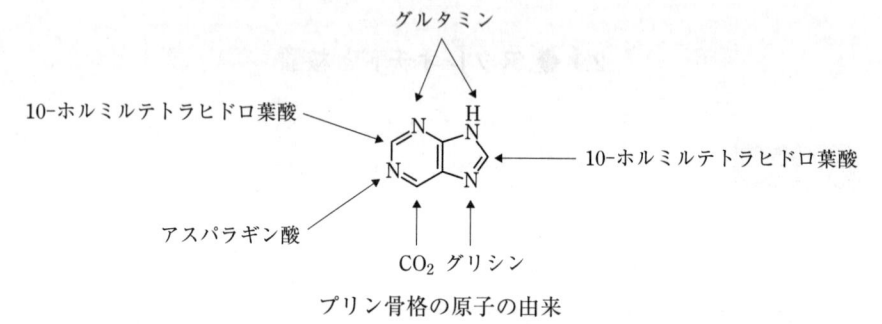

プリン骨格の原子の由来

（グルタミン，10-ホルミルテトラヒドロ葉酸，アスパラギン酸，CO_2，グリシン，10-ホルミルテトラヒドロ葉酸）

正解　3

・ピリミジンヌクレオチドの生合成

問題2.2　ヒトでのピリミジンヌクレオチドの生合成に**関与しない**物質はどれか．
1　ジヒドロオロト酸
2　フマル酸
3　オロト酸
4　オロチジン 5′-一リン酸
5　アスパラギン酸

キーワード　リボヌクレオチドレダクターゼ，サルベージ経路，ピリミジン塩基，アデニン，グアニン，ヒポキサンチン

解説　1, 3, 4, 5（○）　ピリミジンヌクレオチドの生合成経路の概略としては，アスパラギン酸とカルバモイルリン酸が反応した後，ジヒドロオロト酸→オロト酸→オロチジン 5′-一リン

酸を経由して，CTP が合成される．

2（×）フマル酸はピリミジンヌクレオチドの生合成には関係しない．プリン骨格形成の経路の中で，アスパラギン酸が結合する反応の後にアミノ基を残してフマル酸部分が除かれる．

アスパラギン酸＋カルバモイルリン酸
↓
カルバモイルアスパラギン酸
↓
ジヒドロオロト酸
↓
オロト酸
↓
オロチジン 5′-一リン酸
↓
ウリジン 5′-一リン酸（UMP）
↓
ウリジン 5′-三リン酸（UTP）
↓
シチジン 5′-三リン酸（CTP）

ピリミジンヌクレオチドの生合成経路

正解　2

・プリン塩基の異化

問題 2.3 ヒトにおいて，プリン塩基の異化により最終的に生成する化合物を選べ．
1　尿酸
2　アンモニア
3　尿素
4　リボース
5　β アラニン

キーワード リボヌクレオチドレダクターゼ，サルベージ経路，プリン塩基，アデニン，グアニン，ヒポキサンチン

解説
1（○）　最終生成物は尿酸である．
2（×）　プリンではなく，ピリミジンの異化（分解）によりアンモニウムイオンを生成する．
3（×）　2と同様に，尿素はピリミジンの異化（分解）により生成する．
4（×）　リボース5-リン酸は，プリン母核生成の出発物質である．
5（×）　ピリミジン母核をもつウリジンは，βアラニンを介して最終的にアセチルCoAまで代謝される．

正解　1

◆ 確認問題 ◆

次の文の正誤を判別し，○×で答えよ．

□□□ 1　ピリミジン塩基とは，シトシン，チミンとグアニンのことである．
□□□ 2　*de novo* 合成とは，新規に生合成する合成のことである．
□□□ 3　プリンは，塩基合成が最初に行われ，その後リボース・リン酸が付加される．
□□□ 4　ピリミジンは，リボース・リン酸が土台となり，その上に塩基が合成されていく．
□□□ 5　サルベージ経路とは，核酸の分解で生じたヌクレオシドや塩基を再利用する経路である．
□□□ 6　核酸代謝に関する酵素欠損の遺伝病として，レッシュ・ナイハン症候群がある．
□□□ 7　プリン異化の最終産物である尿素は，関節や腎臓に析出して痛風の原因となる．
□□□ 8　痛風治療薬のアロプリノールの化学構造はヒポキサンチンによく類似しており，尿酸の合成を阻害する．

正解と解説

1（×） ピリミジン塩基とは，シトシン，チミンとウラシルのことである．
7（×） 尿素ではなく，プリン異化の最終産物である尿酸が痛風の原因となる．
その他は，◯

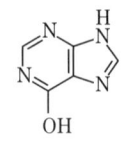

アロプリノール

到達目標 DNAの構造について説明できる．

・DNAに含まれる塩基

問題2.4 次の塩基のうち，DNAに含まれないものはどれか．
1 チミン
2 アデニン
3 ウラシル
4 グアニン
5 シトシン

キーワード ホスホジエステル結合，ヌクレオチド，ヌクレオシド，プリン，ピリミジン，塩基対

解説 1, 2, 4, 5（◯）
3（×） ウラシルは，RNAに含まれる塩基である．

正解 3

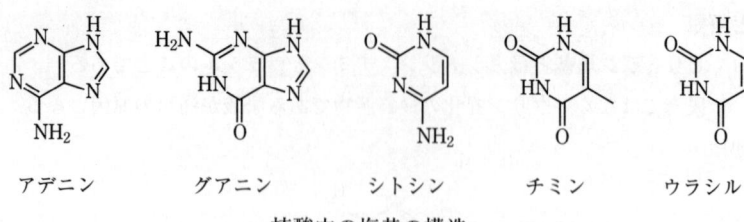

アデニン　グアニン　シトシン　チミン　ウラシル

核酸中の塩基の構造

・**DNA の構造**

> **問題 2.5**　DNA の構造に**関与しない**用語はどれか．
> 1　水素結合
> 2　相補性
> 3　塩基対
> 4　ホスホジエステル結合
> 5　リボース

キーワード　二重らせん，B 型 DNA，Z 型 DNA，主溝，副溝，$5'$-末端，$3'$-末端

解説　1 〜 4（○）　DNA は，チミン，アデニン，シトシン，グアニンを塩基とするヌクレオシド-三リン酸を原料として，ホスホジエステル結合で重合したものであり，分子内で相補性をもつ塩基同士が水素結合により塩基対を形成している．
　　　　　5（×）　DNA には，リボースではなくデオキシリボースが含まれる．

正解　5

・GC 含量

> **問題 2.6** DNA の GC 含量が**影響しない**記述あるいは因子はどれか.
> 1 T_m 値（融解温度）
> 2 一本鎖への解離しやすさ
> 3 AT 含量
> 4 塩基配列
> 5 アニーリング温度

キーワード ハイブリダイズ，変性，再会合（再生）

解説
1（○） GC 含量が高い DNA は，一本鎖に解離しにくいために T_m 値が高い.
2（○） グアニン（G）とシトシン（C）の相補鎖は，A-T と比べて水素結合が3本あるために DNA が一本鎖になりにくい.
3（○） GC 含量（％）＋ AT 含量（％）＝ 100（％）
4（×） GC 含量は，塩基配列には直接関与しない.
5（○） GC 含量が高い DNA は二本鎖を形成しやすいので，低い温度でもアニーリングする.

正解　4

◆ 確認問題 ◆

次の文の正誤を判別し，○×で答えよ.
□□□ 1 核酸中の五炭糖は，ホスホジエステル結合で共有結合している.
□□□ 2 生理的条件下での DNA は，らせん1回巻きあたり 10.5 塩基のピッチをもっている.
□□□ 3 熱変性させた DNA は一本鎖に解離している.
□□□ 4 一本鎖になった DNA を低い温度で再び二本鎖に戻すことを，アニーリングさせるという.
□□□ 5 DNA と RNA はハイブリダイズしない.

正解と解説

1〜4（○）
5（×）　DNA-RNA 間でも相補性があれば，ハイブリダイズする．

到達目標　RNA の構造について説明できる．

・mRNA の構造

問題 2.7　真核細胞の mRNA 中にみられないものはどれか．
1　3′-ポリ A（付加）配列
2　5′-非翻訳領域
3　キャップ構造
4　シャイン・ダルガーノ（SD）配列
5　IRES（Internal ribosome entry site）

キーワード　5′-非翻訳領域，5′-キャップ構造，開始コドン，SD 配列，Kozak 配列，翻訳領域，IRES，3′-ポリ A（付加）配列

解説
1（○）　真核細胞の mRNA は，一度 3′末端の切断シグナル付近で切断されたのち，新たに 200 個程度のアデニル酸を連結させた 3′-ポリ A（付加）配列がみられる．この配列を利用して mRNA を精製することもできる．
2（○）　5′-非翻訳領域とは，転写開始点から開始コドンよりも上流の領域で，原核細胞，真核細胞ともにみられるが，遺伝子発現の制御に関わる重要な部分を含む．
3（○）　ほとんどすべての真核生物とそのウイルスの mRNA に 5′-キャップ構造がみられる．タンパク質生合成の開始反応において必要とされる．mRNA の安定性にも関与．
4（×）　SD 配列は，原核細胞で mRNA にみられる配列である．開始コドンの 7〜10 塩基上流にある．タンパク合成が

行われる際にリボソームが結合する部位.真核生細胞のmRNAの一部では,開始コドン付近にKozak配列が存在する場合があり,開始tRNAと相互作用して翻訳効率を高めると考えられている.

5（○） ウイルスや一部の真核細胞にみられるmRNA内部のリボソーム結合部位.キャップ構造に依存しないタンパク合成時に働くとされる.

正解　4

・tRNAの性質

問題 2.8 真核細胞のtRNAに直接関係しないものはどれか.
1　アンチコドン
2　細胞全RNAの約15 %
3　翻訳
4　修飾塩基
5　RNAポリメラーゼⅡ

キーワード　アンチコドン,アミノアシルtRNA,アーム,ステム

解説
1（○）　mRNA上のコドンに対応するアミノ酸を,tRNA上のアンチコドンを利用して運搬する.

2（○）　tRNAは細胞全RNAの15 %程度,mRNAが約2～5 %,残り80 %がrRNAである.その他に少量であるがsnRNA (small nuclear RNA), ncRNA (non-coding RNA), miRNA (micro RNA) なども存在する.

3（○）　tRNAは,タンパク質合成においてmRNAの情報を翻訳するために重要な因子である.

4（○）　tRNAに含まれる塩基は,一般的なA, G, C, Uの他に,ジヒドロウリジン,プソイドウリジン,N,N'-ジメチルグアノシンなど,普通とは異なる修飾塩基が含まれている.

これらは，tRNA が合成されたあとで修飾を受けている．
5（×） RNA ポリメラーゼⅢが tRNA の合成に関与している．RNA ポリメラーゼⅡは，DNA から mRNA の合成に使われる．

正解 5

・rRNA の構造

問題 2.9 rRNA に関する性質の組合せで，正しいものはどれか．
1 大腸菌の rRNA ── 40S サブユニットと 60S サブユニットで構成．
2 動物細胞の rRNA ── 30S サブユニットと 50S サブユニットで構成．
3 リボソーム ── rRNA のみで構成．
4 ミトコンドリア ── 独自の rRNA をもつ．
5 rRNA ── 細胞中全 RNA の 50 % を占める．

キーワード　リボソーム，50S + 30S，60S + 40S，二次構造

解説　1〜3（×） リボソームは，rRNA とタンパク質の複合体であり，rRNA は主要な構成要素であるが，リボソームタンパク質もリボソームの構成要素として重要である．大腸菌のリボソームは，全体で 70S（50S + 30S），動物細胞のものは，80S（60S + 40S）である．
4（○） ミトコンドリアと葉緑体は，独自の rRNA をもつことが知られている．
5（×）（前述）rRNA は全 RNA の 80 % を占める．

正解 4

◆ 確認問題 ◆

次の文の正誤を判別し，○×で答えよ．

□□□ **1** RNA が DNA より加水分解を受けやすいのは，構成する五炭糖がリボースであることに起因している．アルカリ条件下，リボース糖の 3′-OH 基が，近傍のホスホジエステラーゼ結合の切断に関与する．

□□□ **2** tRNA は，3 塩基からなるアンチコドンをもつ．

□□□ **3** RNA は常に一本鎖であり，二本鎖は存在しない．

□□□ **4** RNA が酵素として働くことがある．

□□□ **5** rRNA は，リボソームの構造を形成するだけでなく，ペプチジル転移酵素活性のような大事な触媒活性として中心的な機能にも関わっている．

正解と解説

1 (○)

2 (○)

3 (×)　最近，短い二本鎖の RNA (siRNA) が，遺伝子発現の調節に重要な役割を果たしていることが注目されている．

4 (○)　リボザイム．

5 (○)　RNA が酵素活性にも関わっている例の一つである．

2.2 ◆ 遺伝情報を担う分子

到達目標　遺伝子発現に関するセントラルドグマについて概説できる．

・遺伝子発現の過程

問題 2.10　セントラルドグマに関する次の記述のうち，正しいものはどれか．
1　mRNA からタンパク質を合成する過程を，転写という．
2　DNA を鋳型として mRNA を合成する過程を，複製という．

3 DNA を鋳型として DNA を合成する過程を,翻訳という.
4 RNA を鋳型として cDNA を合成する過程を,転移という.
5 DNA を鋳型として mRNA を合成し,この mRNA からタンパク質を合成する過程を,セントラルドグマという.

キーワード　セントラルドグマ,複製,転写,翻訳,逆転写,遺伝子発現,遺伝情報

解説
1（×）この過程は,翻訳という.
2（×）この過程は,転写という.
3（×）この過程は,複製という.
4（×）この過程は,逆転写という.
5（○）

正解　5

◆ 確認問題 ◆

次の文の正誤を判別し,○×で答えよ.
□□□ 1 RNA に保存された遺伝情報は DNA に伝えることはできない.
□□□ 2 RNA に保存された遺伝情報は RNA に伝えることはできない.
□□□ 3 DNA に保存された遺伝情報は RNA に,そして RNA からタンパク質へと伝えることができる.
□□□ 4 DNA に保存された遺伝情報は DNA に伝えることはできない.
□□□ 5 DNA に保存された遺伝情報は RNA を経ずにタンパク質に伝えることができる.

正解と解説

1（×）RNA をゲノムにもつレトロウイルスは,RNA を鋳型として DNA（cDNA）を合成することができる.この過程を逆転写といい,逆転写酵素によって触媒される.
2（×）RNA をゲノムにもつウイルスには,RNA を鋳型として RNA を合成する酵

素をもつものがある．
3（○）
4（×）　DNAを鋳型としてDNAを合成することを複製と呼び，この過程はDNAポリメラーゼによって触媒される．
5（×）

到達目標　DNA鎖とRNA鎖の類似点と相違点を説明できる．

・DNA鎖とRNA鎖の類似点（1）

> **問題 2.11**　DNA鎖とRNA鎖の類似点に関する次の記述のうち，正しいものはどれか．
> 1　高エネルギーリン酸結合を含む．
> 2　通常，一本鎖として存在する．
> 3　ホスホジエステル結合で重合した高分子である．
> 4　塩基性条件下で同様に加水分解される．
> 5　スプライシングを受ける．

キーワード　ホスホジエステル結合，高エネルギーリン酸結合，スプライシング

解説　1（×）　DNA鎖やRNA鎖の合成に使用される基質（それぞれ，デオキシリボヌクレオシド三リン酸とリボヌクレオシド三リン酸）は，2つの高エネルギーリン酸結合をもっているが，DNA鎖やRNA鎖のヌクレオシド糖どうしを結合しているホスホジエステル結合は，高エネルギーをもたない通常のエステル結合である．
　　2（×）　DNA鎖は二本鎖が，RNA鎖は一本鎖が基本構造．
　　3（○）
　　4（×）　RNA鎖の構成糖であるリボースの2′位のヒドロキシ基がリン原子を求核的に攻撃してホスホジエステル結合が切断

されるが，DNA 鎖を構成する 2′-デオキシリボースではこの反応が起こらない．
5 (×) RNA は，スプライシングを受けて成熟型 RNA になるが，DNA 鎖はスプライシングを受けない．

正解　3

・DNA 鎖と RNA 鎖の類似点 (2)

問題 2.12　DNA 鎖と RNA 鎖の類似点に関する次の記述のうち，正しいものはどれか．
1　塩基としてアデニンとチミンが含まれる．
2　塩基，ヘキソース，リン酸からなるポリヌクレオチドである．
3　一般に，二重らせんを基本構造としている．
4　塩基としてシトシンとウラシルが含まれる．
5　生体内では，ポリメラーゼと呼ばれる酵素によって合成される．

キーワード　ポリヌクレオチド，塩基，ペントース，リン酸，二重らせん構造，DNA ポリメラーゼ，RNA ポリメラーゼ

解説
1 (×)　チミンは DNA 鎖のみに含まれる．
2 (×)　DNA 鎖も RNA 鎖も，塩基，ペントース，リン酸からなるポリヌクレオチドである．
3 (×)　RNA 鎖は，一本鎖が基本構造．
4 (×)　ウラシルは RNA 鎖のみに含まれる．
5 (○)

正解　5

・DNA 鎖と RNA 鎖の相違点

> **問題 2.13** DNA 鎖と RNA 鎖の相違点に関する次の記述のうち，正しいものはどれか．
> 1 DNA 鎖にはリボースが，RNA 鎖にはデオキシリボースが含まれる．
> 2 DNA 鎖には塩基としてグアニンが含まれるが，RNA 鎖には含まれない．
> 3 DNA 鎖は遺伝情報を蓄えることができるが，RNA 鎖はできない．
> 4 DNA 鎖は，RNA 鎖と比べ細胞内で安定である．
> 5 DNA 鎖には修飾された塩基が含まれていないが，RNA 鎖には含まれる．

キーワード リボース，デオキシリボース，遺伝情報，修飾塩基

解説 1（×） DNA 鎖にはデオキシリボースが，RNA 鎖にはリボースが含まれる．
2（×） グアニンは，DNA 鎖にも RNA 鎖にも含まれる．
3（×） DNA 鎖も RNA 鎖も，遺伝情報を蓄えることができる．
4（○）
5（×） DNA 鎖中の塩基も，メチル化などの修飾を受ける．

(正解) 4

◆ 確認問題 ◆

次の文の正誤を判別し，○×で答えよ．

□□□ 1 DNA 鎖も RNA 鎖も，ヌクレオチドのポリマーで糖部分の 3′位と 5′位がリン酸で連結されている．

□□□ 2 RNA 鎖は，同じ分子内の別の部分と相補的な塩基配列があると，その部分で塩基対をつくる場合がある．

2. 生命情報を担う遺伝子

□□□ 3 DNA 鎖も RNA 鎖も，細胞の核内にのみ存在する．
□□□ 4 DNA 鎖も RNA 鎖も，ヌクレアーゼで加水分解される．
□□□ 5 二重鎖 DNA 中の対をなす塩基は，アデニン-シトシンおよびグアニン-チミンである．

正解と解説

1 (○)
2 (○)
3 (×) DNA 鎖はミトコンドリアにも，RNA 鎖は細胞質やリボソームにも存在する．
4 (○)
5 (×) 二重鎖 DNA 中の対をなす塩基は，アデニン-チミンおよびグアニン-シトシンである．

到達目標 ゲノムと遺伝子の関係を説明できる．

・ゲノムと遺伝子

> **問題 2.14** ゲノムと遺伝子に関する次の記述のうち，**誤っているもの**はどれか．
> 1 ゲノムの塩基配列は，人によって異なる部分がある．
> 2 ゲノムとは，個体が生存するのに必要な全遺伝子を含む DNA 全体をさす．
> 3 ゲノムの解析から，ヒト細胞 1 個に含まれる遺伝子の数は約 3000 個であることが明らかとなった．
> 4 ゲノムの解析から，ヒトのゲノムは約 3×10^9 塩基対よりなることが明らかとなった．
> 5 遺伝子とは，ゲノム上の定められた位置に，DNA 塩基が配列した遺伝情報を担っている単位のことをいう．

キーワード ゲノム，遺伝子，DNA，塩基配列，遺伝情報

解説 1（○） ゲノムの塩基配列には個人差がある．中でも一塩基置換は高頻度でみられ，一塩基多型（SNP）と呼ばれている．

2（○）

3（×） ヒト細胞1個に含まれる遺伝子の数は約3万個（2万8900程度）である．

4（○）

5（○）

正解 3

◆ 確認問題 ◆

次の文の正誤を判別し，○×で答えよ．
□□□ 1 ヒトの遺伝子の本体は，DNAである．
□□□ 2 ヒトのゲノムには，様々な反復塩基配列が存在する．
□□□ 3 原核細胞と真核細胞では，遺伝子数に違いがある．
□□□ 4 生物種によって，ゲノムの大きさ（細胞のDNA含有量）は異なる．

正解と解説

1（○）

2（○） マイクロサテライト多型やミニサテライト多型と呼ばれる縦列反復配列が存在し，個人識別などに利用されている．

3（○） 遺伝子の数は，大腸菌では約3000，ヒトでは約3万である．

4（○） 大腸菌はヒトの1000分の1程度のゲノムの大きさ（細胞のDNA含有量）しかないが，植物のユリなどは，逆にヒトに比べて1000倍ものゲノムの大きさをもつ．

2. 生命情報を担う遺伝子

到達目標 染色体の構造を説明できる．

・染色体の構造（1）

> **問題2.15** 染色体の構造に関する次の記述のうち，誤っているものはどれか．
> 1 正常ヒト二倍体細胞の染色体数は46本である．
> 2 真核細胞の染色体は，DNAとヒストンからなる．
> 3 ヒト細胞内の染色体DNAは，すべて環状構造をとっている．
> 4 真核細胞の染色体には，セントロメアとテロメアと呼ばれる領域があり，セントロメアは有糸分裂時に紡錘糸が結合する領域である．
> 5 クロマチンは，有糸分裂に先立って凝集し，球状または棒状の染色体となる．

キーワード 染色体（クロモソーム），二倍体，ヒストン，セントロメア，テロメア，有糸分裂，紡錘糸，クロマチン

解説
1（○）
2（○）
3（×） ヒト細胞の染色体DNAは，直鎖状の二重らせん構造をとる．
4（○）
5（○）

正解 3

・染色体の構造（2）

問題 2.16 染色体の構造に関する次の記述のうち，正しいものはどれか．
1. クロマチンには比較的分散した状態と凝集した状態があり，分散した状態をヘテロクロマチンと呼ぶ．
2. ヌクレオソームでは，H1, H2A, H2B, H3 の各ヒストン 2 分子からなる 8 量体が DNA と複合体を形成している．
3. ヒストンの塩基性アミノ酸側鎖のアミノ基がアセチル化されると，ヒストンと DNA との結合は強くなる．
4. ヘテロクロマチンと呼ばれる領域は，ユークロマチンと呼ばれる領域に比べて遺伝子の転写が盛んに起こっている．
5. 有糸分裂の際に，染色体は微小管と結合する．

キーワード ヘテロクロマチン，ユークロマチン，ヌクレオソーム，微小管

解説
1 (×) 凝集した状態をヘテロクロマチン，分散した状態をユークロマチンと呼ぶ．
2 (×) ヌクレオソームでは，H2A, H2B, H3, H4 の各ヒストン 2 分子からなる 8 量体が DNA と複合体を形成している．
3 (×) ヒストンはリシンやアルギニンなどの塩基性アミノ酸を多く含むため正電荷をもち，DNA はリン酸を含み負電荷を帯びているため結合してヌクレオソームを形成する．この塩基性アミノ酸側鎖のアミノ基がアセチル化されるとヒストンは正電荷を失い，DNA との結合は弱くなる．
4 (×) 染色体の凝縮が比較的ゆるんでいる領域はユークロマチンと呼ばれ，転写因子や RNA ポリメラーゼが相互作用しやすく，遺伝子発現が盛んである．
5 (○)

正解 5

・テロメア

問題2.17 テロメアに関する次の記述のうち，正しいものはどれか．
1 染色体の中央部にある領域のこと．
2 テロメラーゼと呼ばれる酵素によって分解される．
3 正常細胞では，細胞分裂のたびに増幅されていく．
4 一定の反復塩基配列により構成される．
5 生殖細胞や腫瘍細胞では，短縮化することが知られている．

キーワード テロメア，テロメラーゼ

解説
1（×）染色体の末端領域をテロメアと呼ぶ．
2（×）テロメラーゼと呼ばれる RNA 複合タンパク質は，テロメアを伸長させる酵素である．
3（×）DNA ポリメラーゼの反応機構により，直鎖状の DNA はその両端部分を複製することができないため，細胞分裂のたびに染色体の末端は短くなる．
4（○）ヒトをはじめ脊椎動物では，TTAGGA が繰り返されている．
5（×）生殖細胞や腫瘍細胞では，テロメラーゼ活性が高く，細胞分裂によるテロメアの短縮化が防止される．

正解　4

◆ 確認問題 ◆

次の文の正誤を判別し，○×で答えよ．
□□□ 1 B 型 DNA は左巻きらせんである．
□□□ 2 DNA トポイソメラーゼは，DNA に超らせんを導入したり，解消したりする酵素である．
□□□ 3 精子や卵子が生成するときは，減数分裂が起こる．
□□□ 4 ヒト精子には，X 染色体を含むもの及び Y 染色体を含むものの 2 種類があり，X 染色体を含む精子が受精して誕生する個体は男子である．

□□□ 5 正常ヒト二倍体細胞の染色体46本のうち，44本は常染色体と呼ばれる．

正解と解説

1（×） B型DNAは，通常の生理的な条件下で形成されるワトソン-クリック型の構造で右巻きらせん構造をとる．A型DNAは，水分が少ないときにとる典型的な構造で，B型DNA同様右巻きである．Z（ジグザグ）型DNAは，A型やB型と異なり左巻きである．

2（○） DNAトポイソメラーゼは，二本鎖DNAを一時的に切断し，その間をDNA鎖が通過した後再び結合することで，DNAに超らせんを導入したり，解消したりする．

3（○）

4（×） X染色体を含む精子が受精して誕生する個体は女子である．

5（○） 残り2本は，性染色体と呼ばれる．

到達目標 遺伝子の構造に関する基本的用語（プロモーター，エンハンサー，エキソン，イントロンなど）を説明できる．

・プロモーター

> **問題 2.18** プロモーターに関する次の記述のうち，正しいものはどれか．
> 1 RNA合成を触媒する．
> 2 複製開始点である．
> 3 転写開始反応に関与するDNAの特定領域である．
> 4 リボソームが結合するDNAの特定領域である．
> 5 プライマーが結合するDNAの特定領域である．

キーワード プロモーター，転写開始反応，転写因子，RNAポリメラーゼ

解説 1（×） RNA合成を触媒するのは，RNAポリメラーゼである．
　　　　2（×） プロモーターは，転写開始反応に関与する．

3（○）
4（×）　プロモーターは，転写因子や RNA ポリメラーゼが結合する DNA の特定領域である．
5（×）　転写開始反応には，プライマーは不要である．

正解　3

・エンハンサー

問題 2.19　エンハンサーに関する次の記述のうち，正しいものはどれか．
1　プロモーターに隣接して存在する領域である．
2　転写開始点である．
3　転写を促進する DNA の特定領域である．
4　転写を抑制する DNA の特定領域である．
5　転写を促進するタンパク質である．

キーワード　エンハンサー，転写開始反応，転写因子，サイレンサー

解説
1（×）　エンハンサーは，プロモーターから数千塩基対も離れた上流や下流に存在することがある．
2（×）
3（○）　エンハンサーは，プロモーターからの転写を促進する DNA の特定領域である．
4（×）　これは，サイレンサーという．
5（×）

正解　3

・エキソン

問題 2.20　エキソンに関する次の記述のうち，正しいものはどれか．
1　翻訳の際のアミノ酸配列情報をもつ領域である．
2　成熟型 RNA（mRNA）には含まれていない．
3　スプライシングによって除かれる領域である．
4　転写因子が結合する領域である．
5　プロモーター領域にも存在する．

キーワード　エキソン，成熟型 RNA（mRNA），スプライシング

解説　1（○）
2（×）　ヘテロ核 RNA（hnRNA）にも成熟型 RNA（mRNA）にも存在する．
3（×）　スプライシングによって，エキソン部分が繋ぎあわされる．
4（×）　転写因子が結合する領域は，プロモーターやエンハンサーである．
5（×）　プロモーター領域は転写されないので，エキソンに相当する領域はない．

正解　1

・イントロン

問題 2.21　イントロンに関する次の記述のうち，正しいものはどれか．
1　ヘテロ核 RNA（hnRNA）には含まれていない．
2　相補的 DNA（cDNA）には含まれている．
3　原核細胞には存在しない．
4　RNA ポリメラーゼにより除去される．
5　アンチコドンを含んでいる．

2. 生命情報を担う遺伝子

キーワード　イントロン，ヘテロ核 RNA（hnRNA），相補的 DNA（cDNA），スプライシング

解説
1（×）　ヘテロ核 RNA（hnRNA）には含まれているが，成熟型 RNA（mRNA）には含まれていない領域である．
2（×）　成熟型 RNA（mRNA）から逆転写により生成された cDNA には，イントロンに相当する塩基配列が含まれていない．
3（○）
4（×）　スプライシングには，リボザイムが関与していると考えられている．
5（×）　アンチコドンと呼ばれる領域は，tRNA に存在する．

正解　3

到達目標　RNA の種類と働きについて説明できる．

・RNA の種類と働き（1）

問題 2.22　tRNA の働きについて次の記述のうち，正しいものはどれか．
1　タンパク質合成の鋳型．
2　タンパク質合成の場を構成．
3　遺伝子発現の制御．
4　DNA 複製の際のプライマー．
5　アミノ酸のタンパク質合成の場への輸送．

キーワード　ヘテロ核 RNA（hnRNA），成熟型 mRNA（mRNA），tRNA，rRNA

解説
1（×）　これは，mRNA の役割．
2（×）　これは，rRNA の役割．
3（×）　これは，ミクロ RNA（miRNA）の役割．
4（×）　これは，プライマー RNA の役割．

5（○）

正解　5

・RNA の種類と働き（2）

問題 2.23　ペプチジルトランスフェラーゼ活性を示す RNA は次のうち，どれか．
1　tRNA
2　rRNA
3　hnRNA
4　mRNA
5　プライマー RNA

キーワード　ペプチジルトランスフェラーゼ，リボザイム

解説　1（×）
2（○）　rRNA の中には，ペプチジルトランスフェラーゼ活性を示すリボザイム（酵素活性をもつ RNA）の存在が知られている．
3（×）
4（×）
5（×）

正解　2

・RNA の種類と働き（3）

問題 2.24　細胞内に見いだされる RNA で，同じ塩基配列をもつ mRNA を標的として分解することにより発現を抑える RNA は次のうち，どれか．
1　tRNA
2　rRNA

3　hnRNA
　　　4　プライマー RNA
　　　5　miRNA（ミクロ RNA）

キーワード　miRNA（ミクロ RNA），siRNA，RNA 干渉（RNAi）

解説　1〜4（×）

　　　5（○）　細胞内に見いだされる 21〜25 ヌクレオチドからなる RNA 分子の総称．siRNA（small interfering RNA）として，同じ塩基配列をもつ mRNA を標的として分解する．

正解　5

2.3 ◆ 転写と翻訳のメカニズム

到達目標　DNA から RNA への転写について説明できる．

・転写（1）

問題 2.25　RNA 合成を触媒するのは次のうち，どれか．
　　1　転写因子
　　2　DNA ポリメラーゼ
　　3　RNA ポリメラーゼ
　　4　プロモーター
　　5　エンハンサー

キーワード　転写因子，RNA ポリメラーゼ，プロモーター，エンハンサー

解説　1（×）

　　　2（×）　DNA ポリメラーゼは，DNA 合成を触媒する．

3（○）
4（×）プロモーターは，転写因子やRNAポリメラーゼが結合するDNAの特定領域である．
5（×）エンハンサーは，プロモーターからの転写を促進するDNAの特定領域である．

正解　3

・転写（2）

問題 2.26 RNAポリメラーゼによる転写に関する次の記述のうち，正しいものはどれか．
1　プライマーが必要である．
2　伸長中のRNA鎖の5′-ヒドロキシ末端へのヌクレオチドの付加を触媒する．
3　一定の開始点から両方向に進行する．
4　ウリジン三リン酸（UTP）は基質となる．
5　鋳型DNA鎖の5′→3′の方向に進行する．

キーワード　RNAポリメラーゼ，ウリジン三リン酸

解説　1（×）
2（×）伸長中のRNA鎖の3′-ヒドロキシ末端へのヌクレオチドの付加を触媒する．
3（×）転写は一方向に進行する．
4（○）
5（×）鋳型DNA鎖の3′→5′の方向に進行する．

正解　4

・転写（3）

問題 2.27 原核細胞の転写に関する次の記述で，誤っているものはどれか．
1 一つの mRNA 上に複数のタンパク質の情報がコードされている場合がある．
2 細胞質で行われる．
3 RNA ポリメラーゼがプロモーターに結合することにより転写が開始される．
4 RNA ポリメラーゼによって転写された RNA は，スプライシングを受けて成熟型 mRNA となる．
5 原則的に 1 種類の RNA ポリメラーゼが，rRNA，tRNA，mRNA の合成を行うことができる．

キーワード 原核細胞の転写反応

解説
1（○） このような複数の遺伝子と転写調節機構をまとめてオペロンという．
2（○）
3（○）
4（×） 原核細胞にはイントロンが存在しないので，スプライシング機能がない．
5（○）

正解 4

2.3 転写と翻訳のメカニズム

到達目標 転写の調節について，例を挙げて説明できる．

・転写の調節

> **問題 2.28** 次の物質のうち，核内受容体に結合することによりDNAの特定領域に結合して，転写を調節することができるのはどれか．
> 1 アドレナリン（エピネフリン）
> 2 インスリン
> 3 ステロイドホルモン
> 4 cAMP
> 5 グルカゴン

キーワード 核内受容体，転写調節因子

解説
1（×） 細胞膜受容体に結合する．
2（×） 細胞膜受容体に結合する．
3（○） その他，甲状腺ホルモン，ビタミンA，ビタミンDなども同様．
4（×） cAMPは，細胞内セカンドメッセンジャー．
5（×） 細胞膜受容体に結合する．

正解　3

◆ 確認問題 ◆

次の文の正誤を判別し，○×で答えよ．
□□□ 1 原核細胞では，一つのmRNA上に複数の遺伝情報がコードされている場合があり，この複数の遺伝子と転写機構をまとめてオペロンと呼んでいる．
□□□ 2 原核細胞の転写調節は，プロモーター内に存在するオペレーターと呼ばれる領域に調節タンパク質が結合することにより行われる．
□□□ 3 大腸菌の転写は，リプレッサーと呼ばれるタンパク質がオペレーターに

60　2. 生命情報を担う遺伝子

結合することにより抑制される.
□□□ 4　大腸菌の転写は，アクチベーターと呼ばれるタンパク質がオペレーターに結合することにより促進される.

正解と解説
1〜4（○）

到達目標　RNAのプロセシングについて説明できる.

・RNAのプロセシング

> 問題 2.29　RNAのスプライシングとは，次のどの過程のことか.
> 1　キャップ構造の付加
> 2　ポリアデニル酸の付加
> 3　エキソンを除去し，イントロンを繋ぐ
> 4　イントロンを除去し，エキソンを繋ぐ
> 5　ヘアピンループの形成

キーワード　プロセシング，スプライシング，エキソン，イントロン，キャップ，ポリアデニル酸

解説
1（×）　これは，真核細胞のmRNAの5'末端に結合するプロセシング機構の一つ.
2（×）　これは，真核細胞のmRNAの3'末端に結合するプロセシング機構の一つ.
3（×）
4（○）
5（×）

正解　4

◆ 確認問題 ◆

次の文の正誤を判別し，○×で答えよ．
□□□ 1 RNA のプロセシングは，核内で行われる．
□□□ 2 真核細胞にも，イントロンを含まない hnRNA が存在する．
□□□ 3 スプライシングには，リボザイムが関与している．

正解と解説
1〜3 (○)

到達目標 RNA からタンパク質への翻訳の過程について説明できる．

・タンパク質への翻訳の過程 (1)

> 問題 2.30 タンパク質への翻訳の過程に関する次の記述のうち，正しいものはどれか．
> 1 rRNA 上には，mRNA のコドンに相補的なアンチコドンが存在する．
> 2 mRNA のコドンは，各アミノ酸に対応する tRNA を介してアミノ酸に翻訳される．
> 3 開始コドンでコードされるメチオニンは，タンパク質の C 末端に位置する．
> 4 全てのアミノ酸は，それぞれ複数のコドンを有する．
> 5 終止コドン（ナンセンスコドン）は 4 種類存在する．

キーワード コドン，アンチコドン，mRNA，tRNA，rRNA，リボソーム

解説 1 (×) アンチコドンは tRNA 上に存在する．
2 (○)

62　2. 生命情報を担う遺伝子

　　　　3（×）　リボソーム上でのポリペプチド鎖の伸長は，N末端からC末端へ進行する．したがって，開始コドンでコードされるメチオニンは，タンパク質のN末端に位置する．
　　　　4（×）　メチオニンとトリプトファンのコドンは，それぞれ一つずつ（AUGとUGG）しか存在しない．
　　　　5（×）　終止コドン（ナンセンスコドン）は，UAA，UAG，UGAの3種類である．

　　　　　　　　　　　　　　　　　　　　　　　　　　正解　2

・タンパク質への翻訳の過程（2）

問題2.31　タンパク質への翻訳の過程に関する次の記述のうち，正しいものはどれか．
1　ペニシリンによって阻害される．
2　翻訳は主に核内で行われる．
3　アミノアシル-tRNA の5'末端にアミノ酸が結合している．
4　アミノアシル-tRNA 合成酵素は，アミノ酸と，対応するアンチコドンをもつ tRNA を正確に結合させる．
5　ペプチジルトランスフェラーゼ（ペプチジル基転移酵素）は，翻訳されたペプチドをゴルジ体へ輸送する酵素である．

キーワード　リボソーム，ペプチジルトランスフェラーゼ（ペプチジル基転移酵素），アミノアシル-tRNA，アミノアシル-tRNA 合成酵素，抗生物質

解　説　1（×）　翻訳は，アミノグリコシド系，テトラサイクリン系，マクロライド系，クロラムフェニコール系などの抗生物質により阻害されるが，ペニシリン系の抗生物質には阻害されない．
　　　　2（×）　翻訳は，細胞質に存在するリボソームで行われる．
　　　　3（×）　アミノアシル-tRNA の3'末端にアミノ酸が結合している．

4（○）
5（×）ペプチジルトランスフェラーゼは，リボソームのP部位のペプチドのC末端に位置するアミノ酸のカルボキシル基と，A部位のアミノ酸（アミノアシル-tRNA）のアミノ基をペプチド結合させる酵素である．

正解　4

到達目標　リボソームの構造と機能について説明できる．

・リボソームの構造

> 問題 2.32　真核細胞のリボソームの構造に関する次の記述のうち，正しいものはどれか．
> 1　タンパク質から構成されており，RNAを含まない．
> 2　原核細胞のリボソームと同一の構造をもつ．
> 3　大小2つのサブユニットから構成される．
> 4　小サブユニットは30Sである．
> 5　mRNAは，大サブユニットに結合する．

キーワード　リボソーム，rRNA，mRNA，サブユニット

解説
1（×）リボソームはrRNAを含む．
2（×）大小2つのサブユニットの大きさおよび構成rRNA，タンパク質の種類が異なる．
3（○）
4（×）原核細胞の小サブユニットは30S，大サブユニットは50Sであるが，真核細胞の小サブユニットは40S，大サブユニットは60Sである．
5（×）mRNAは，小サブユニットに結合する．

正解　3

2. 生命情報を担う遺伝子

・リボソームの機能

> **問題 2.33** リボソームの機能として最も適切なものはどれか.
> 1 タンパク質のフォールディング
> 2 タンパク質のターゲティング
> 3 タンパク質の分解
> 4 タンパク質の生合成
> 5 タンパク質の翻訳後修飾

キーワード フォールディング,ターゲティング,翻訳後修飾

解説
1 (×) 分子シャペロンの機能である.
2 (×) 一般に,リボソームは細胞質中で遊離型として存在しているが,分泌タンパク質などを合成するリボソームは小胞体膜上に付着する.これは合成するポリペプチドの一次構造(例えばシグナルペプチド)に依存する.
3 (×) 細胞内におけるタンパク質分解系の一つであるリソソームと混同しないようにすること.
4 (○) リボソームは,タンパク質の合成を担う複合タンパク質である.
5 (×) リボソームでの翻訳により合成されたタンパク質が,その後に受ける種々の修飾過程のことを翻訳後修飾と呼ぶ.

正解 4

・ポリリボソームの構造

> **問題 2.34** ポリリボソーム(ポリソーム)の構造に関する次の記述のうち,正しいものはどれか.
> 1 大小のサブユニットが会合したリボソーム
> 2 複数のリボソームの会合体
> 3 一本のmRNAに複数のリボソームが結合したもの

4　リボソームが多数付着した小胞体
　　　5　rRNAとリボソームタンパク質の複合体

キーワード　ポリリボソーム（ポリソーム）

解説　1（×）
　　　2（×）
　　　3（○）タンパク質合成が盛んな細胞にみられる構造である．
　　　4（×）これは，粗面小胞体．
　　　5（×）これは，リボソームサブユニット．

　　　　　　　　　　　　　　　　　　　　　　　　　正解　3

2.4 ◆ 遺伝子の複製・変異・修復

到達目標　DNAの複製の過程について説明できる．

・DNA複製の開始

問題 2.35　大腸菌DNAの半保存的複製の開始において，開始点付近の
DNA二重らせんを解く因子を選べ．
　1　DNAリガーゼ
　2　DNAヘリカーゼ
　3　DNAトポイソメラーゼ
　4　プライマーゼ
　5　DNAポリメラーゼ

キーワード　半保存的複製，複製開始点（*oriC*），DNAポリメラーゼ，プライマーゼ，DNAヘリカーゼ，DNAトポイソメラーゼ，DNAリガーゼ

解　説　1（×）　DNAリガーゼは，DNA鎖の3′-OHと5′-リン酸基をホスホジエステル結合で結合する活性をもつ．
2（○）
3（×）　DNAトポイソメラーゼは，DNAの超らせん構造を解消する活性をもつ．
4（×）　(DNA) プライマーゼは，DNA複製の開始に必要なプライマー（主にRNA）を合成する．
5（×）　DNAポリメラーゼは，リーディング鎖を合成する酵素である．

正解　2

・DNA鎖の伸長反応

問題2.36　大腸菌の複製フォークにおいて，鋳型鎖に対して相補的に合成されたラギング鎖のフラグメントを結合する因子を選べ．
1　RNAプライマー
2　リーディング鎖
3　岡崎フラグメント
4　DNAリガーゼ
5　dNTP

キーワード　鋳型鎖，dNTP，RNAプライマー，岡崎フラグメント，不連続複製，リーディング鎖，ラギング鎖，複製フォーク

解　説　1（×）　RNAプライマー（先導配列）は，DNAポリメラーゼがヌクレオチドの結合を開始するために必要な因子である．
2（×）　リーディング鎖は，DNAポリメラーゼにより合成される．
3（×）　岡崎フラグメントは，自身でエステル結合を生成することはない．
4（○）　DNAリガーゼは，DNA鎖の3′-OHと5′-リン酸基をホスホジエステル結合で結合する活性をもつ．

5（×）DNA 合成に使われる，4 種のヌクレオシド三リン酸の総称．

正解　4

・DNA の末端の伸長

問題 2.37　真核細胞の DNA の末端に存在するテロメアについて，正しい記述はどれか．
1　有糸分裂の際，アクチン繊維が結合する．
2　鋳型 RNA をもった一種の逆転写酵素である．
3　ヒトの生殖細胞に存在する．
4　短くなると，細胞はがん化する．
5　ミトコンドリア DNA に存在する．

キーワード　テロメア，テロメラーゼ，有糸分裂

解説　1（×）　セントロメアの記述である
　　　2（×）　テロメラーゼの記述である．
　　　3（○）
　　　4（×）　ほとんどのがん細胞はテロメラーゼ活性を保有し，テロメアが短小化することを防いでいる．
　　　5（×）　テロメアは，染色体の末端に存在する．

正解　3

◆ 確認問題 ◆

次の文の正誤を判別し，○×で答えよ．
□□□　1　DNA ポリメラーゼによる複製開始には，オリゴペプチドが必要である．
□□□　2　DNA の複製は，半保存的である．
□□□　3　複製中の DNA は，細胞内で部分的に一本鎖になる（複製の目）．
□□□　4　DNA ポリメラーゼは，鋳型 DNA に相補的な DNA 鎖を 5′から 3′の方向に合成する．

2. 生命情報を担う遺伝子

□□□ 5 DNAポリメラーゼは，伸長中の鎖の5′-ヒドロキシ末端へのヌクレオチドの付加を触媒する．

□□□ 6 鋳型DNAの塩基配列を，相補的に新しいDNAに写し取ることを逆転写という．

□□□ 7 細菌において，染色体DNAの複製は，ランダムな複数の箇所から同時に開始される．

□□□ 8 大腸菌の染色体DNAの複製は，複製開始部位にDnaAタンパク質と呼ばれる複製開始タンパク質が結合して開始される．

□□□ 9 大腸菌の環状DNAの複製は，oriCと呼ばれる特定の塩基配列部分から一方向に進行し，環状DNAを一周することで終結する

□□□ 10 テロメラーゼは，多くの腫瘍細胞のDNA複製の際に，テロメアがしだいに短くなるのを防いでいる．

□□□ 11 テロメアの短小化は，細胞の分裂に限界をもたらす．

□□□ 12 ヒト染色体のDNAの複製は，一定の開始点から二方向に進行する．

□□□ 13 プラスミドは，染色体外で自律複製するDNA分子である．

□□□ 14 レトロウイルスにおいて発見された逆転写酵素は，RNA合成酵素の一種である．

□□□ 15 複製を完了した二つの環状DNA分子は，トポイソメラーゼにより分離される．

□□□ 16 大腸菌DNAポリメラーゼⅠのエキソヌクレアーゼ活性を除いたものを，クレノーフラグメント（ラージフラグメント）と呼ぶ．

正解と解説

1（×） DNAポリメラーゼによる複製開始には，プライマーと呼ばれるRNAが必要である．

2〜4（○）

5（×） DNAポリメラーゼは，伸長中の鎖の3′-ヒドロキシ末端へのヌクレオチドの付加を触媒する．

6（×） 鋳型DNAの塩基配列を，相補的に新しいDNAに写し取ることを複製という．

7（×） 細菌DNAの複製は，複製開始点と呼ばれる1か所から開始される．

8（○）

9（×） DNA の複製は，二方向に同時に進む．
10 〜 13（○）
14（×） レトロウイルスにおいて発見された逆転写酵素は，DNA 合成酵素の一種である．
15，16（○）

到達目標 遺伝子の変異（突然変異）について説明できる．

・突然変異

> 問題 2.38 遺伝子に一塩基多型（SNP：single nucleotide polymorphism）が生じる可能性が最も高い突然変異はどれか，一つ選べ．
> 1 塩基置換変異
> 2 重複
> 3 転座
> 4 欠失
> 5 挿入

キーワード 染色体の欠失・挿入・重複・転座・逆位，塩基置換変異

解説 1（○）
2 〜 5（×） いずれの突然変異も，タンパク質のコード領域やスプライシングの選択に影響を与える領域に起こると，タンパク質の大きさや配列に著しい変化が生じる．また，プロモーター領域や転写調節領域での突然変異は，タンパク質の発現量に影響を及ぼす可能性がある．

正解 1

2. 生命情報を担う遺伝子

・フレームシフト

問題 2.39 フレームシフトを生じる可能性が最も高い突然変異はどれか，一つ選べ．
1 一塩基の置換変異
2 二塩基の置換変異
3 二塩基の欠失
4 三塩基の欠失
5 三塩基の挿入

キーワード 点突然変異，塩基置換変異，フレームシフト変異

解説 1, 2（×） ナンセンス変異かミスセンス変異が起こる可能性がある．
3（○）
4, 5（×） 3の倍数の欠失や挿入は，3分の1の確率でアミノ酸の欠失や挿入が生じる．

正解　3

・DNA の傷害

問題 2.40 チミン二量体が形成される変異原はどれか，一つ選べ．
1 紫外線
2 放射線
3 S-アデノシルメチオニン（メチル化）
4 活性酸素
5 亜硝酸

キーワード 変異原性物質，紫外線傷害，ピリミジン二量体，チミン二量体，アルキル化剤

解説 1（○）
2（×） DNA鎖の分断が起こる．
3（×） グアニンのアルキル化により，複製の際，GC対からAT対への置換が起こる．
4（×） 8-ヒドロキシグアニンが生じることにより，GC対からAT対への置換が起こる．
5（×） シトシンの酸化的脱アミノ反応により，ウラシルに置換が起こる．

正解 1

◆ 確認問題 ◆

次の文の正誤を判別し，○×で答えよ．
□□□ **1** 紫外線がDNAの構造変化を起こす．
□□□ **2** 突然変異はその変異原により，誘発される構造変化に特徴がある．
□□□ **3** DNAの塩基が置換してもアミノ酸発現に変化がない変異を，ミスセンス置換と呼ぶ．
□□□ **4** DNAの欠失変異と挿入変異は，一塩基対から最大，数メガ塩基対に及ぶ．
□□□ **5** DNAが紫外線に暴露すると，隣り合ったピリミジン-プリンの間で架橋が形成される．
□□□ **6** ピリミジン二量体のうち，チミン二量体がもっとも形成されやすい．
□□□ **7** DNAアルキル化剤によって生じるO^6-アルキルグアニンは，突然変異を起こす．

正解と解説

1, 2（○）
3（×） DNAの塩基が置換してもアミノ酸発現に変化がない変異を，サイレント変異と呼ぶ．
4（○）
5（×） DNAが紫外線に暴露すると，隣り合ったピリミジンの間で二量体が形成される．
6, 7（○）

2. 生命情報を担う遺伝子

到達目標 DNA の修復の過程について説明できる.

・塩基除去修復

> **問題 2.41** DNA の塩基除去修復の際に,損傷ヌクレオチドを認識し,それを DNA から切り離す酵素はどれか.
> 1 DNA グリコシダーゼ
> 2 AP エンドヌクレアーゼ
> 3 DNA ポリメラーゼ I
> 4 DNA リガーゼ
> 5 DNA ヘリカーゼ

キーワード 塩基除去修復,DNA グリコシダーゼ,DNA ポリメラーゼ I,AP エンドヌクレアーゼ

解説
1 (○)
2 (×) DNA の塩基が欠落した部位を認識して,その 5′ または 3′ 側のホスホジエステル結合を加水分解する酵素.
3 (×) この 5′ から 3′ エキソヌクレアーゼ活性は,DNA の修復や複製における RNA プライマーの除去に関与している.
4 (×) DNA リガーゼは,DNA 鎖の 3′-OH と 5′-リン酸基をホスホジエステル結合で結合する活性をもつ.
5 (×) DNA ヘリカーゼは,DNA 二重らせんを解く活性をもつ.

正解　1

・ヌクレオチド除去修復

問題 2.42 DNA のヌクレオチド除去修復の際に，DNA ヘリカーゼとともに，誤ったヌクレオチドを含む DNA 部分を除去する酵素はどれか．
1 DNA グリコシダーゼ
2 AP エンドヌクレアーゼ
3 DNA ポリメラーゼ I
4 DNA リガーゼ
5 エキソヌクレアーゼ

キーワード　DNA グリコシダーゼ，DNA ポリメラーゼ I，DNA リガーゼ，ヌクレオチド除去修復，アプニック部位，アピリミジック部位，AP エンドヌクレアーゼ，エキソヌクレアーゼ

解説　1（×）　DNA グリコシダーゼは，DNA の塩基除去修復の際に損傷ヌクレオチドを認識し，それを DNA から切り離す活性をもつ．
2～4　前項参照．
5（○）

正解　5

・ミスマッチ修復

問題 2.43 大腸菌の複製の過程で，誤って取り込まれたヌクレオチドを取り除く校正機能（プルーフリーディング）をもつ酵素はどれか．
1 DNA ポリメラーゼ I
2 DNA ポリメラーゼ II
3 DNA ポリメラーゼ III
4 DNA リガーゼ

5 DNA ヘリカーゼ

キーワード 塩基除去修復，DNA グリコシダーゼ，DNA ポリメラーゼ I，DNA リガーゼ，ヌクレオチド除去修復，ミスマッチ修復，DNA フォトリアーゼ（光回復酵素），アプリニック部位，アピリミジック部位，AP エンドヌクレアーゼ，エキソヌクレアーゼ，相同組換え，組換え修復，SOS 修復

解説
1（×）DNA ポリメラーゼ I は，DNA 鎖の伸長，$3'→5'$エキソヌクレアーゼおよび $5'→3'$エキソヌクレアーゼ活性をもち，DNA の塩基除去修復，ヌクレオチド除去修復や複製における RNA プライマーの除去に関与している．
2（×）DNA ポリメラーゼ II は，DNA ポリメラーゼ I と DNA ポリメラーゼ III が欠損した場合に，修復に関与すると考えられている．
3（○）DNA ポリメラーゼ III のコア部分に含まれる $3'→5'$エキソヌクレアーゼ活性が，校正機能をもつと考えられている．
4（×）DNA リガーゼは，DNA 鎖の $3'$-OH と $5'$-リン酸基をホスホジエステル結合で結合する活性をもつ．
5（×）DNA ヘリカーゼは，DNA 二重らせんを解く活性をもつ．

正解 3

◆ 確認問題 ◆

次の文の正誤を判別し，○×で答えよ．
□□□ 1 DNA の複製の際に起こるコピーエラーの多くは，DNA ポリメラーゼのもつ校正機能によって修正される．
□□□ 2 DNA リガーゼは，一方の DNA の $5'$-OH 基と他方の DNA の $3'$-リン酸基間を結合する．
□□□ 3 AP エンドヌクレアーゼは，誤って取り込まれたデオキシウラシルなどを取り除く修復で働く．

□□□ 4　修復の失敗は，遺伝病やがんに繋がる可能性が高まる．
□□□ 5　生物は，紫外線によるDNA障害の修復機構をもつ．
□□□ 6　チミン二量体は，光修復（フォトリアーゼ），ヌクレオチド除去修復，組換え修復あるいはSOS修復の機構により修復される．
□□□ 7　複製を行うDNAポリメラーゼは，間違って取り込まれたヌクレオチドを遊離させるエンドヌクレアーゼ活性をもつ．
□□□ 8　DNAポリメラーゼによる校正から漏れた不対合塩基は，ミスマッチ修復機構により修復される．
□□□ 9　リガーゼは，DNAを切断する酵素である．
□□□ 10　DNA修復に関連する酵素を欠損した色素性乾皮症の患者は，皮膚がんになりやすい．
□□□ 11　DNAの塩基が置換してアミノ酸発現が停止コドンに変化する変異を，ナンセンス置換と呼ぶ．

正解と解説

1（○）
2（×）　DNAリガーゼは，一方のDNAの3′-OH基と他方のDNAの5′-リン酸基間を結合する．
3～6（○）
7（×）　複製を行うDNAポリメラーゼは，間違って取り込まれたヌクレオチドを遊離させるエキソヌクレアーゼ活性をもつ．
8（○）
9（×）　リガーゼは，DNAを接続する酵素である．
10，11（○）

2.5 ◆ 遺伝子多型

到達目標 一塩基多型（SNP）が機能に及ぼす影響について概説できる．

・遺伝子多型

> **問題2.44** がん抑制遺伝子のスニップタイピングによる情報は次のどれに一番役立つか，選べ．
> 1 遺伝子治療
> 2 遺伝子診断
> 3 組換えDNA
> 4 遺伝子ターゲティング
> 5 遺伝子ノックアウト

キーワード 遺伝子の多型，SNP（single nucleotide polymorphism），遺伝子診断，遺伝子治療，遺伝子組換え，遺伝子ノックアウト，遺伝子ノックダウン

解説
1（×） 遺伝子治療では，治療効果を期待して欠損している遺伝子を補う，あるいは疾患の原因となる遺伝子発現を抑制するために，遺伝物質である核酸を患者の細胞内に導入する．SNPの情報はさほど重要な要因とはならない．
2（○） 遺伝子診断はDNA診断ともいう．SNPの他，欠失，転座，増幅の情報も有用である．
3（×） 遺伝子組換えには，遺伝子の一次配列情報が必要である．
4（×） 標的遺伝子組換えともいう．相同的組換えを利用して，特定の遺伝子座のみに変異を導入する技術である．
5（×） 遺伝子ターゲティングを用いて特定の遺伝子を破壊すること．

2.5 遺伝子多型

正解 2

・遺伝子多型の種類

> **問題 2.45** ヒトの遺伝子の配列の変異のうち，何％以上の頻度で発現することを多型と定義しているか，正しい数値を選べ．
> 1 0.5 %
> 2 1 %
> 3 2 %
> 4 5 %
> 5 10 %

キーワード 遺伝子多型，SNP（single nucleotide polymorphism），マイクロサテライト多型

解説

正解 2

・遺伝子多型の種類

> **問題 2.46** 遺伝子の多型のうち，まったく機能をもたないタンパク質が生産される可能性が最も高いものを選べ．
> 1 マイクロサテライト多型
> 2 regulatory SNP
> 3 coding SNP
> 4 intronic SNP
> 5 untranslated SNP

キーワード 遺伝子多型，SNP（single nucleotide polymorphism），regulatory SNP，coding SNP，intronic SNP，untranslated SNP，マイクロサテライト

多型

解説

1（×） マイクロサテライト多型は，2〜4塩基の繰返し配列の繰返し回数が人により異なるもので，ゲノム上の位置マーカーとして利用される．
2（×） 転写調節に関わる領域に生じたSNPなので，mRNAの発現量に変化を与えるが質には影響を与えない．
3（○） ミスセンス変異およびナンセンス変異が生じる可能性がある．
4（×） スプライシングに関わる領域に生じたSNPなので，mRNAの発現量や安定性に変化を与えるが質には影響を与えない．
5（×） 非翻訳領域に生じたSNPなので，mRNAの発現量や安定性に変化を与えるが質には影響を与えない．

正解 3

◆ 確認問題 ◆

次の文の正誤を判別し，○×で答えよ．

□□□ **1** SNPは，約千塩基に一つあると予想され，ヒトゲノム全体では300万〜1000万個所と考えられている．

□□□ **2** 薬物の有効性や副作用の発現には，薬物代謝酵素，輸送タンパク質およびその標的タンパク質などの遺伝子多型が関わる．

□□□ **3** SNPタイピングの情報を蓄積すれば，遺伝子治療が可能になると考えられている．

□□□ **4** SNPのタイピング技術として，インベーダー法（invader method）やタクマン法（TaqMan PCR）が知られている．

□□□ **5** SNPタイピングは，DNAを試料とした個人の鑑別である．DNA鑑定に利用される．

□□□ **6** マイクロサテライト多型は，疾患関連遺伝子の位置の絞り込みに利用されている．

正解と解説

1, 2（○）
3（×）　SNPタイピングの情報を蓄積すれば，オーダーメイド医療が可能になると考えられている．
4（○）
5（×）　マイクロサテライト多型は，DNAを試料とした個人の鑑別である．DNA鑑定に利用される．
6（○）

3 生命活動を担うタンパク質

3.1 ◆ タンパク質の構造と機能

到達目標 タンパク質の主要な機能を列挙できる．

・タンパク質の機能

> **問題3.1** 次のタンパク質と生体内での機能との組合せで正しいものはどれか．
> 1　トランスフェリン ―― 鉄の貯蔵
> 2　ミオグロビン ――― 酸素の輸送
> 3　アルブミン ―――― 浸透圧の保持
> 4　チューブリン ――― 組織や細胞構造の維持
> 5　ケラチン ――――― 代謝調節

キーワード 貯蔵，輸送，組織や細胞構造の維持，筋肉の収縮・弛緩，代謝調節，浸透圧，細胞分裂，紡錘体

解説
1（×）　トランスフェリンは，鉄の輸送に関与するタンパク質である．鉄の貯蔵にはフェリチンが働く．
2（×）　ミオグロビンは，骨格筋や心筋で酸素を貯蔵するヘムタンパク質である．酸素の輸送には，赤血球中のヘムタンパク質であるヘモグロビンが働く．
3（○）　アルブミンは脂溶性物質や難溶性物質の輸送に働く．
4（×）　チューブリンは，細胞分裂時の紡錘体形成に関与する．

5（×）　ケラチンは，毛，爪などを構成する硬タンパク質の一つである．代謝調節には，インスリンなどのホルモンが主に働く．

正解　3

◆ 確認問題 ◆

次の文の正誤を判別し，○×で答えよ．

□□□ **1** グロブリンは，脂溶性物質や難溶性物質の輸送に働く．
□□□ **2** トロンビンは，核酸と結合してヌクレオソームを形成する塩基性タンパク質である．
□□□ **3** フィブリンは，血液凝固に関与するタンパク質である．
□□□ **4** 生体内で起こる化学反応を触媒するタンパク質を酵素という．
□□□ **5** 情報伝達に働くタンパク質の多くは，リン酸化されることで刺激を伝達する．
□□□ **6** 細胞表面の受容体タンパク質は，一般に糖タンパク質であることが多い．

正解と解説

1（×）　グロブリンは免疫反応に関与するタンパク質である．
2（×）　トロンビンは血液凝固に関与するタンパク質である．また，核酸と結合してヌクレオソームを形成する塩基性タンパク質は，ヒストンである．
3（○）
4（○）
5（○）
6（○）

3.1 タンパク質の構造と機能　83

到達目標　タンパク質の一次，二次，三次，四次構造を説明できる．

・タンパク質の高次構造形成に働くアミノ酸間の相互作用

> **問題 3.2**　タンパク質の構造に関する次の記述について，正しいものはどれか．
> 1　一次構造を構成している結合は，水素結合である．
> 2　高次構造は，基本的には一次構造に依存している．
> 3　タンパク質の三次構造の形成に働くアミノ酸間相互作用は，すべて非共有結合である．
> 4　α-ヘリックス構造やβ-シートは，アミノ酸側鎖間の水素結合により形成される．
> 5　疎水結合とは，2つの中性アミノ酸の側鎖間に形成される非共有結合のことである．

キーワード　ペプチド結合，水素結合，疎水結合，ファン・デル・ワールス力，ジスルフィド結合，α-ヘリックス構造，β-シート

解説　1（×）　一次構造を構成している結合は，ペプチド結合である．
　　　　2（○）　高次構造は基本的にはアミノ酸の配列順序（一次構造）に依存している．
　　　　3（×）　三次構造形成に働く力のうち，水素結合，疎水結合，ファン・デル・ワールス力は非共有結合であるが，ジスルフィド結合（-S-S-結合）は共有結合である．
　　　　　　　　ジスルフィド結合とは，2つのシステイン残基の-SH基間に形成される非共有結合のことである．
　　　　4（×）　α-ヘリックス構造やβ-シート構造とは二次構造のことであり，これらはあるペプチド結合（-CO-NH-）中のC＝O基と，他のペプチド結合中のN-H間に生じる水素結合によって形成される．

5（×）中性アミノ酸のうち，疎水性の強い芳香族アミノ酸や脂肪族（分枝鎖）アミノ酸が疎水結合の形成に関与する．

正解 2

・タンパク質の四次構造

> **問題3.3** 次のタンパク質の高次構造の形成時に働く相互作用のうち，四次構造の形成における複数のポリペプチド鎖間の相互作用として**適当でない**ものはどれか．
> 1　水素結合
> 2　静電相互作用（イオン結合）
> 3　疎水結合
> 4　ファン・デル・ワールス力
> 5　ジスルフィド結合

キーワード　水素結合，静電相互作用（イオン結合），疎水結合，ファン・デル・ワールス力，ジスルフィド結合，共有結合

解説
1（○）
2（○）
3（○）
4（○）
5（×）四次構造とは，複数のポリペプチド鎖が，非共有結合で会合したタンパク質の多量体構造と定義される．ジスルフィド結合（−S−S−結合）は，共有結合である．

正解 5

◆ 確認問題 ◆

□□□ 1　ファン・デル・ワールス力とは，中性アミノ酸の側鎖に一時的に生成した双極子と，それが誘発した双極子間に形成される弱い引力（非共有結

3.1 タンパク質の構造と機能

合）のことである．

- □□□ 2 ジスルフィド結合を還元剤で切断しても，高次構造が変化することはない．
- □□□ 3 四次構造を形成する個々のポリペプチド鎖をアイソザイムという．
- □□□ 4 単一種類のポリペプチド鎖が集合した多量体を，ホモオリゴマーという．
- □□□ 5 一般に疎水性アミノ酸はタンパク質の外側に，親水性アミノ酸は内側に折りたたまれている．
- □□□ 6 シャペロンは，生体内で合成中のポリペプチド鎖の折りたたみにかかわっている．
- □□□ 7 タンパク質を変性させると，一次構造以外の高次構造が変化する．
- □□□ 8 タンパク質の変性は，すべて不可逆的である．
- □□□ 9 タンパク質の変性は，低温でも起こる．

正解と解説

1 （○）
2 （×） ジスルフィド結合（-S-S-結合）は三次構造に関与するため，還元剤で切断すると，高次構造は変化する．
3 （×） 四次構造を形成する個々のポリペプチド鎖をサブユニットと呼ぶ．
4 （○） これに対し，2種類以上のポリペプチド鎖が集合した多量体を，ヘテロオリゴマーと呼ぶ．
5 （×） 一般に疎水性アミノ酸は内側に，親水性アミノ酸はタンパク質の外側に折りたたまれている．
6 （○）
7 （○）
8 （×） 温和な条件で変性させた後，変性因子を取り除くと，タンパク質の高次構造が元の状態にもどる（再生）こともある．
9 （○） 凍結により，タンパク質内部の水体積が膨張して高次構造を壊すことがある．

3. 生命活動を担うタンパク質

到達目標 タンパク質の機能発現に必要な翻訳後修飾について説明できる．

・タンパク質の翻訳後修飾

問題3.4 タンパク質の修飾について正しいものはどれか．

1 タンパク質分解酵素は，チモーゲン（プロエンザイム）の形で細胞より分泌され，作用部位でその一部が限定分解されて活性化されるものが多い．
2 タンパク質のリン酸化は，生合成されたタンパク質が細胞外へ分泌された後に起こる．
3 受容体の多くは糖タンパク質であり，その糖鎖は細胞外に存在する酵素により付加される．
4 ヒドロキシプロリンやヒドロキシリシンを暗号化するコドンがある．
5 ヒストンのメチル化やアセチル化は，細胞質内で起こる．

キーワード 消化酵素，チモーゲン（プロエンザイム），リン酸化，糖化，メチル化，アセチル化，水酸化（ヒドロキシ化），ヒドロキシプロリン，ヒドロキシリシン，情報伝達タンパク質，受容体，糖タンパク質，ゴルジ体，細胞質，核，コドン

解説 1（○）
2（×） タンパク質のリン酸化は，主に細胞内の情報伝達タンパク質に起こり，細胞外の刺激を細胞内に伝えたり，特定の遺伝子発現に関与したりする．
3（×） 糖タンパク質の糖鎖は，ポリペプチド鎖が生合成された後にゴルジ体で付加される．
4（×） タンパク質中のヒドロキシプロリンやヒドロキシリシンは，基となるタンパク質中のプロリンやリシンが翻訳後に水酸化されたものである．コラーゲンは多くのヒドロキシ

リシンやヒドロキシプロリンを持つが，これはビタミンCの関与でプロリンやリシンが水酸化されたものである．
5（×）　ヒストンのメチル化やアセチル化は，核内で起こる．

正解　1

・タンパク質の翻訳後修飾

問題 3.5　タンパク質の翻訳後修飾に関する次の記述のうち，正しいものはどれか．
1　タンパク質がユビキチン化されると，プロテアソームという巨大なタンパク質分解酵素によりATP依存的分解を受ける．
2　タンパク質中のセリン，トレオニンおよびアスパラギンは，いずれもタンパク質リン酸化酵素によりリン酸化されることがある．
3　糖タンパク質において，糖鎖はタンパク質中のセリン，トレオニン，チロシン残基の側鎖の水酸基に結合しうる．
4　ヒストンのリシン残基のアセチル化は，ヒストンのDNAに対する親和性を高める．
5　膵臓のβ細胞で合成されるプロインスリンは，β細胞から分泌された後，タンパク質分解酵素によりCペプチドとインスリンになる．

キーワード　ユビキチン化，プロテアソーム，リン酸化，糖化，アセチル化，セリン，トレオニン，チロシン，アスパラギン，リシン，プロインスリン，Cペプチド，インスリン

解説　1（○）
2（×）　細胞内情報伝達タンパク質では，タンパク質中のセリン，トレオニン残基の側鎖の水酸基や，チロシン残基の側鎖のフェノール性水酸基がタンパク質リン酸化酵素によりリン酸化され，細胞内に刺激を伝える．

3（×） 糖タンパク質における糖とポリペプチド鎖との結合には，セリン，トレオニン残基の側鎖の水酸基との結合（O-グルコシド結合）と，アスパラギンの側鎖の酸アミド基との結合（N-グルコシド結合）がある．

4（×） 塩基性タンパク質であるヒストン中のリシンやアルギニン残基は，負電荷を帯びているDNAとのイオン結合に重要な働きを持つ．そのため，ヒストンのリシン残基のアミノ基のアセチル化は，DNAとの親和性を弱めることになる．

5（×） プロインスリンは，β細胞内でCペプチドとインスリンに分解され，刺激に応じて分泌される．

（正解） 1

3.2 ◆ 酵 素

到達目標 酵素反応の特性を一般的な化学反応と対比させて説明できる．

・酵素と無機触媒の違い

> **問題 3.6** 酵素と無機触媒に関する次の記述のうち，正しいものはどれか．
> 1 酵素と無機触媒の触媒能は，共に反応温度に比例する．
> 2 活性化エネルギーを低下させる効率は，無機触媒より酵素のほうが格段に高い．
> 3 反応物（基質）に対する特異性は，酵素よりも無機触媒のほうが高い．
> 4 無機触媒を用いた化学反応は，酵素反応と比較して副反応が少ない．
> 5 無機触媒は，酵素とは異なり触媒活性を調節するのが容易である．

キーワード 活性化エネルギー，至適温度，至適pH，失活，基質特異性，副反

応，酵素活性の調節

解説 1（×） 酵素は一般に非常に穏やかな条件下で働き，至適温度と至適 pH をもつタンパク質である．そのため，高温や極端な pH では，高次構造が変化して触媒能を失う（失活）．一方，無機触媒は高温や極端な pH（強酸性，強アルカリ性）でよく働くものが多い．
2（○）
3（×） 反応物（基質）に対する特異性（基質特異性）は，無機触媒よりも酵素のほうが高い．
4（×） 無機触媒を用いた化学反応では，通常副反応が見られる．一方，酵素は基質特異性が極めて高いため，副反応がほとんど見られない．
5（×） 酵素は，無機触媒にはない様々な調節機能をもっている．

正解 2

・酵素の性質

問題 3.7 酵素の性質に関する記述のうち，正しいものはどれか．
1 生体内でおこる化学反応を触媒する有機物質は，すべてタンパク質からなる酵素である．
2 すべての酵素の至適温度は，37℃である．
3 ヒトの体内にある酵素の至適 pH は，すべて 7.0〜8.0 である．
4 酵素反応の至適 pH は，酵素タンパク質の分子量により決まる．
5 一般に酵素反応において，基質の鏡像異性体間に反応速度の差がでる．

キーワード RNA，リボザイム，至適温度，至適 pH，分子量，鏡像異性体，基質特異性

解説 1（×） 主にタンパク質からなる酵素のほか，触媒活性をもつ

RNA（リボザイム）も存在する．

2（×）超好熱性細菌の酵素では，至適温度が 100 ℃ 付近にあるものもある．

3（×）至適 pH は，酵素が働く場所の pH であることが多い．たとえば，胃内のペプシンの至適 pH は，1.0〜2.0 である．

4（×）酵素反応の至適 pH と，酵素の分子量との間に関連性はない．

5（○）酵素は基質特異性が高いため，立体構造の違う鏡像異性体を基質に用いると，反応速度に差が出ることになる．

正解　5

到達目標　酵素を反応様式により分類し，代表的なものについて性質と役割を説明できる．

・酵素の反応様式による分類

> **問題 3.8**　ATP 非依存的に次の反応を触媒する酵素はどれか．
> $$A + B \longrightarrow AB$$
> 1　転移酵素（トランスフェラーゼ）
> 2　加水分解酵素（ヒドロラーゼ）
> 3　脱離酵素（リアーゼ）
> 4　異性化酵素（イソメラーゼ）
> 5　合成酵素（リガーゼ）

キーワード　転移酵素（トランスフェラーゼ），加水分解酵素（ヒドロラーゼ），脱離酵素（リアーゼ），異性化酵素（イソメラーゼ），合成酵素（リガーゼ），二重結合，ATP

解説　1（×）　$AX + B \longrightarrow A + BX$

2（×）　$AB + H_2O \longrightarrow AH + BOH$

3 (○) 反応は一般にAB ⟶ A + Bで表され，基質Aには二重結合が生じる．この逆反応（A + B ⟶ AB）も脱離酵素で触媒されるが，合成酵素と異なり，反応にATP由来のエネルギーを利用しない付加反応である．

4 (×) 異性体を作る．

5 (×) A + B ⟶ AB．この酵素は，ATPの持つエネルギーを利用してAとBを縮合させる．

正解　3

・酵素の反応様式による分類

問題 3.9　肝臓でのアルコール代謝に関与するアルコールデヒドロゲナーゼは次の反応を触媒するが，この酵素は次の酵素分類において，どれに属するか．

$$CH_3CH_2OH + NAD^+ \longrightarrow CH_3CHO + NADH + H^+$$

1　酸化還元酵素（オキシドレダクターゼ）
2　転移酵素（トランスフェラーゼ）
3　加水分解酵素（ヒドロラーゼ）
4　脱離酵素（リアーゼ）
5　異性化酵素（イソメラーゼ）

キーワード　酸化還元酵素（オキシドレダクターゼ），アルコールデヒドロゲナーゼ

解説　1 (○) 反応は，$AH_2 + B \longrightarrow A + BH_2$で表される．アルコールデヒドロゲナーゼはNAD$^+$を補酵素として$CH_3CH_2OH$（エタノール）を酸化し，$CH_3CHO$（アセトアルデヒド）を生成する．一方，NAD$^+$は還元されてNADHになる．

2 (×)
3 (×)
4 (×)

5（×）

正解　1

・異性化酵素の特徴

> **問題 3.10** 反応の前後で，基質の構造式を変えるが，分子式を変えない酵素はどれか．
> 1　酸化還元酵素
> 2　転移酵素
> 3　加水分解酵素
> 4　脱離酵素
> 5　異性化酵素

キーワード　異性化酵素，構造式，分子式

解説　1（×）
　　　2（×）
　　　3（×）
　　　4（×）
　　　5（○）　異性化反応の前後では，基質の構造式は変わるが分子式は変わらない．

正解　5

・生体内での酵素の働きと反応様式による分類

> **問題 3.11** 酵素反応分類に関する記述で，正しくないものはどれか．
> 1　アミノ酸代謝に関与するアミノトランスフェラーゼは，転移酵素である．
> 2　トリプシンなどの消化酵素は，一般に加水分解酵素である．
> 3　6員環を持つグルコース6-リン酸と5員環を持つフルクトース6-リン酸間の反応を触媒するホスホグルコイソメラーゼは，

異性化酵素である．
4　グルコキナーゼは，ATPを利用するため，合成酵素に分類される．
5　DNAどうしを結合するDNAリガーゼは，合成酵素である．

キーワード　アミノ基，リン酸基，アシル酸基，転移反応，加水分解反応，異性化反応，ATP，縮合反応，アミノトランスフェラーゼ，トリプシン，消化酵素，ホスホグルコイソメラーゼ，DNAリガーゼ，キナーゼ

解説
1（○）　アミノトランスフェラーゼは，アミノ基を転移する転移酵素である．その他，転移酵素には，リン酸基を転移させるホスホトランスフェラーゼやアシル酸基を転移させるアシルトランスフェラーゼなどがある．

2（○）

3（○）　異性化反応では，反応の前後で構造式が変わるが，分子式は変わらない．6員環のグルコース6-リン酸と5員環のフルクトース6-リン酸の分子式は，共に$C_6H_{12}O_9P$である．

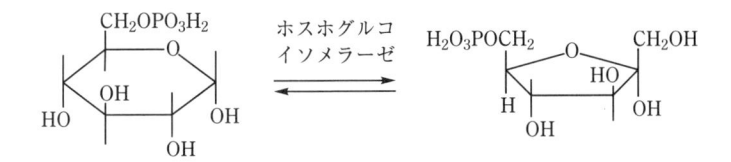

グルコース6-リン酸　⇌（ホスホグルコイソメラーゼ）⇌　フルクトース6-リン酸

4（×）　グルコキナーゼは，ATPのリン酸基をグルコースに移す転移酵素である．

5（○）　ATPの持つエネルギーを利用し，DNAどうしを結合（縮合）する合成酵素である．

正解　4

3. 生命活動を担うタンパク質

到達目標 酵素反応における補酵素，微量金属の役割を説明できる．

・補酵素と補因子

問題 3.12 補酵素と補因子に関する記述で，正しいものはどれか．
1. 補因子は，すべて2価の金属イオンである．
2. すべての補酵素は，水溶性ビタミンまたはその活性型である．
3. 酵素の活性発現に必要な，補因子や補酵素以外の非タンパク性分子を補欠分子族と呼ぶ．
4. ホロ酵素に補酵素あるいは補因子が結合したものをアポ酵素という．
5. 補酵素と補因子の両方を必要とする酵素はない．

キーワード 金属イオン，2価，ビタミン，ビタミンの活性型，ATP，リポ酸，補因子，補酵素，補欠分子族，アポ酵素，ホロ酵素

解説
1 (×) 2価の金属イオンであることが多いが，カタラーゼのように3価の鉄イオンを補因子とするものもある．
2 (×) 水溶性ビタミンとその活性型が補酵素として働くことが多いが，ATPやリポ酸などのように，水溶性タミンを前駆体としない補酵素もある．
3 (○) 補酵素あるいは補因子と酵素タンパク質との結合は，一般に可逆的な非共有結合（水素結合など）である．しかし，中には非共有結合あるいは共有結合で，酵素タンパク質中に補酵素あるいは補因子が強固に組み込まれている場合がある．この場合，この補酵素あるいは補因子のことを補欠分子族と呼ぶ．
4 (×) アポ酵素に補酵素あるいは補因子が結合したものをホロ酵素と呼ぶ．アポ酵素は酵素活性を持たないが，ホロ酵素になると活性を持つ．

5（×）　たとえば，ヘキソキナーゼは，ATP（補酵素）とMg^{2+}（補因子）の存在下，グルコースをグルコース6-リン酸にする．

正解　3

・金属イオンの補因子としての働き

> **問題3.13**　次の酵素と活性発現に必要とする金属イオンの組合せで，正しくないものはどれか．
> 1　ヘキソキナーゼ ——————————— Mg^{2+}
> 2　カタラーゼ ————————————— Fe^{3+}
> 3　スーパーオキシドジスムターゼ —— Fe^{3+}
> 4　アルコールデヒドロゲナーゼ ——— Zn^{2+}
> 5　カルボキシペプチダーゼ ————— Zn^{2+}

キーワード　カタラーゼ，ヘキソキナーゼ，カルボキシペプチダーゼ，アルコールデヒドロゲナーゼ，スーパーオキシドジスムターゼ（SOD）

解説
1（○）　ヘキソキナーゼは，Mg^{2+}（補因子）とATP（補酵素）の存在下，グルコースをグルコース6-リン酸にする酵素である．
2（○）　カタラーゼは，Fe^{3+}を補因子として過酸化水素（H$_2$O$_2$）を分解する酵素である．
3（×）　スーパーオキシドジスムターゼ（SOD）は，Cu^{2+}とZn^{2+}を補因子としてスーパーオキシド（O$_2^-$）を過酸化水素にする酵素である．また，ミトコンドリア内のSODは，Mn^{2+}を補因子とする．
4（○）　アルコールデヒドロゲナーゼは，Zn^{2+}（補因子）とNAD$^+$（補酵素）の存在下，アルコールをアルデヒドに酸化する酵素である．
5（○）　カルボキシペプチダーゼは，Zn^{2+}を補因子とするタンパク質分解酵素である．

96 3. 生命活動を担うタンパク質

正解 3

到達目標 酵素反応速度論について説明できる．

・酵素反応速度論

問題 3.14 Michaelis-Menten 式に従う酵素反応に関する記述のうち，正しいものはどれか．
1 酵素濃度を一定に保って基質濃度を変えると，その酵素反応の初速度は基質濃度に比例する．
2 酵素反応は，反応温度が高いほど最大反応速度（V_{max}）が大きくなる．
3 ミカエリス定数（K_m）は，最大反応速度（V_{max}）の半分となるときの酵素濃度である．
4 ミカエリス定数（K_m）が大きいほど，一般に酵素と基質の親和性は高い．
5 最大反応速度（V_{max}）が大きいほど，ミカエリス定数（K_m）は大きくなる．

キーワード Michaelis-Menten 式，反応温度，基質濃度，ミカエリス定数（K_m），最大反応速度（V_{max}）

解説 1（○）Michaelis-Menten 式に従う酵素反応の基質濃度と反応速度の関係は次図のようになる．基質濃度が低いときは一次反応に近いが，基質濃度が高くなると0次反応に近づく．

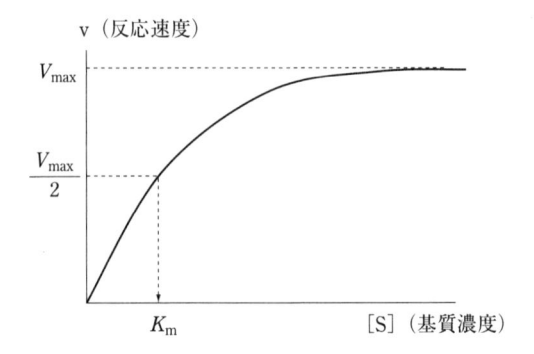

v（反応速度）のグラフ：V_{max}に漸近する曲線。$V_{max}/2$に対応する基質濃度がK_m。横軸は[S]（基質濃度）。

2（×） 酵素は至適温度を持ち，その温度以上では酵素タンパク質の高次構造が変化して最大反応速度（V_{max}）は低下する．
3（×） ミカエリス定数（K_m）は，最大反応速度（V_{max}）の半分となるときの基質濃度である（上図参照）．
4（×） ミカエリス定数（K_m）が小さいほど，一般に酵素と基質の親和性は高い．
5（×） 最大反応速度（V_{max}）の比較だけで，ミカエリス定数（K_m）の大小を論じることはできない．

正解 1

・Lineweaver-Burk プロットの特徴

問題3.15 Lineweaver-Burk プロットに関する記述のうち，正しくないものはどれか．
1 Michaelis-Menten 式の逆数プロットである．
2 一次反応の場合，グラフは直線になる．
3 横軸の切片の値を逆数にすると，ミカエリス定数（K_m）が得られる．
4 縦軸の切片の値を逆数にすると，最大反応速度（V_{max}）が得られる．
5 グラフの傾きは，K_m/V_{max}を示す．

キーワード Michaelis-Menten 式，Lineweaver-Burk プロット，逆数プロット

解説 1（○） Michaelis-Menten 式を逆数にして整理すると，Lineweaver-Burk 式が得られる．これを，横軸を 1/[S]，縦軸を 1/v としたグラフにプロットしたものが，Lineweaver-Burk プロットである．

$$\text{Michaelis-Menten 式}：v = \frac{V_{max} \cdot [S]}{K_m + [S]}$$

$$\text{Lineweaver-Burk 式}：\frac{1}{v} = \frac{K_m}{V_{max}} \times \frac{1}{[S]} + \frac{1}{V_{max}}$$

2（○）

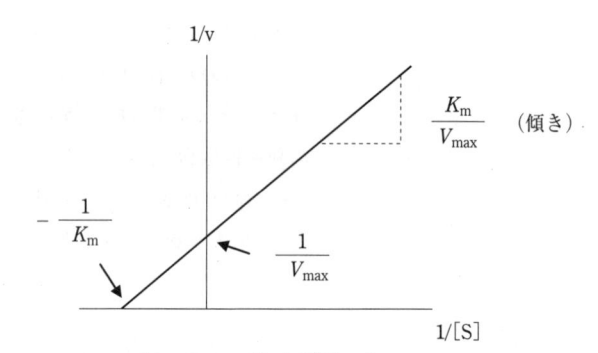

Lineweaver-Burk プロット

3（×） 横軸の切片は，$-1/K_m$ である．したがって，横軸の切片の絶対値の逆数（あるいは，-1 を乗じて逆数にしたもの）がミカエリス定数（K_m）になる（上図参照）．

4（○） 上図参照．

5（○） 上図参照．

正解 3

◆ 確認問題 ◆

次の文の正誤を判別し，○×で答えよ．

□□□ 1 酵素と基質の結合は，一般に共有結合である．

□□□ 2 酵素の活性部位とは，反応の触媒部位のみをさす．

□□□ 3 酵素に基質が結合すると，一般に酵素の高次構造が変化する．
□□□ 4 Michaelis-Menten 式に従う酵素の反応速度は，常に一定である．
□□□ 5 酵素活性は，溶媒のイオン強度や塩濃度の影響を受ける．

正解と解説
1（×） 酵素と基質の結合は，一般にイオン結合，疎水結合，水素結合などの非共有結合である．
2（×） 酵素の活性部位とは，反応の触媒部位と基質の結合部位の両方をさす．
3（○）
4（×） 反応開始時には基質濃度の減少がほとんど無視できるが，反応が進行して基質濃度が低くなると，反応速度は低下する．
5（○） 溶媒のイオン強度や塩濃度は，酵素タンパク質の高次構造に影響するため，活性に影響を与える．

到達目標 代表的な酵素活性調節機構を説明できる．

・酵素活性の阻害

> **問題 3.16** 基質に似ていない構造をもつ阻害剤が，酵素の基質結合部位以外で可逆的に結合して，酵素の触媒活性を低下させることで説明される阻害様式はどれか．
> 1 競合阻害（拮抗阻害）
> 2 非競合阻害（非拮抗阻害）
> 3 不競合阻害（不拮抗阻害）
> 4 アロステリック阻害
> 5 フィードバック阻害

キーワード 競合阻害（拮抗阻害），非競合阻害（非拮抗阻害），不競合阻害（不拮抗阻害），フィードバック阻害

解　　説	1（×）	競合阻害（拮抗阻害）とは，基質に似た阻害剤が，酵素の基質結合部位に可逆的に結合して，酵素の触媒活性を低下させる阻害様式のことをいう．
	2（○）	
	3（×）	不競合阻害（不拮抗阻害）とは，阻害剤が，酵素基質複合体に可逆的に結合して，酵素の触媒活性を低下させる阻害様式のことをいう．
	4（×）	アロステリック効果を示す酵素に対して，負のアロステリックエフェクターが結合した場合，反応は強いシグモイド型を示して速度が低下する．
	5（×）	連続した酵素反応で生成した最終産物がアロステリックエフェクターとなり，必要以上の最終産物の生成を防ぐ仕組みをフィードバック阻害という．

正解　2

・阻害剤存在下での Lineweaver-Burk プロットの変化

問題 3.17　Michaelis-Menten 式に従う酵素について，競合型阻害剤（拮抗型阻害剤）を加えたときの Lineweaver-Burk プロット（破線）で正しいものはどれか．ただし，実線のグラフは阻害剤を加えないときの Lineweaver-Burk プロットを示すものとする．

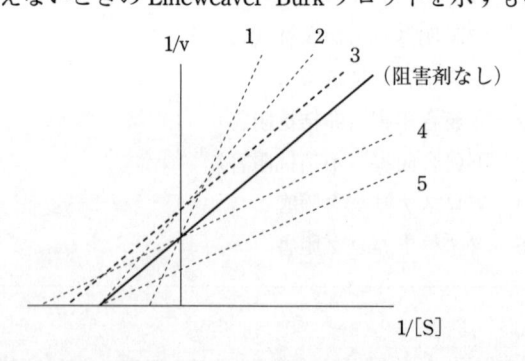

キーワード　Lineweaver-Burk プロット，競合阻害剤（拮抗阻害剤），非競合阻

害剤（非拮抗阻害剤），不競合阻害剤（不拮抗阻害剤），ミカエリス定数（K_m），最大反応速度（V_{max}）

解説 1（○） 競合型阻害剤（拮抗阻害剤）は，最大反応速度（V_{max}）に影響を与えずに，ミカエリス定数（K_m）を大きくする．競合阻害剤の存在下と非存在下の基質濃度と反応速度の関係は次図の通りである．

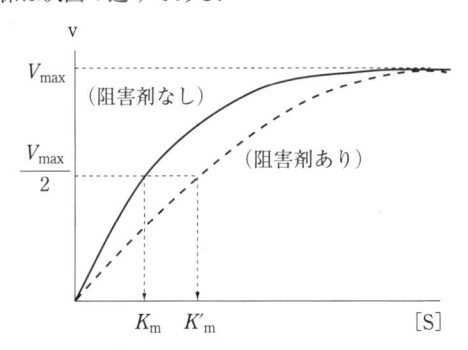

v軸：V_{max}，$\dfrac{V_{max}}{2}$
（阻害剤なし）（阻害剤あり）
横軸：K_m，K'_m，[S]

2（×） 非競合型阻害剤（非拮抗阻害剤）のグラフである．非競合型阻害剤は，ミカエリス定数（K_m）に影響を与えずに，最大反応速度（V_{max}）を小さくする．非競合阻害剤の存在下と非存在下の基質濃度と反応速度の関係は次図の通りである．

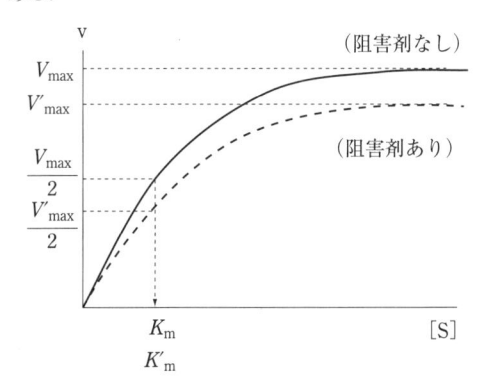

v軸：V_{max}，V'_{max}，$\dfrac{V_{max}}{2}$，$\dfrac{V'_{max}}{2}$
（阻害剤なし）（阻害剤あり）
横軸：K_m，K'_m，[S]

3（×） 不競合型阻害剤（不拮抗阻害剤）のグラフである．不競合型阻害剤は，ミカエリス定数（K_m），最大反応速度（V_{max}）の両方に影響を与える．不競合阻害剤の存在下と非存在下

の基質濃度と反応速度の関係は次図の通りである.

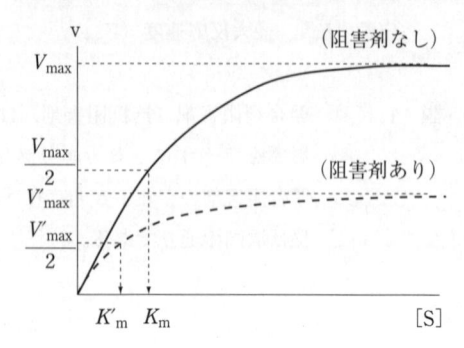

（グラフ：基質濃度 [S] と反応速度 v の関係。阻害剤なしの場合 V_{max} に達し，$\frac{V_{max}}{2}$ に対応する基質濃度が K_m。阻害剤ありの場合 V'_{max} に達し，$\frac{V'_{max}}{2}$ に対応する基質濃度が K'_m。）

4（×）

5（×）

正解　1

・アロステリック酵素とフィードバック阻害

問題3.18　アロステリック酵素に関する記述で，正しくないものはどれか．
1　基質以外の物質が酵素の活性部位とは別の部位に結合して酵素活性が変化することを，アロステリック効果とよぶ．
2　連続した酵素反応で生成した最終産物がアロステリックエフェクターとなり，必要以上の最終産物の生成を防ぐ仕組みをフィードバック阻害という．
3　アロステリック酵素には，酵素基質結合部位以外に活性の調節因子結合部位を持つ．
4　アロステリックエフェクターは，アロステリック酵素の触媒活性を阻害する物質のことである．
5　アロステリック酵素の基質濃度と反応速度の関係は，S字曲線（シグモイド）を描く．

キーワード　アロステリック酵素，アロステリック効果，正のアロステリックエフェクター，負のアロステリックエフェクター，酵素基質結合部位，調節因子結合部位，フィードバック阻害，S字曲線（シグモイド）

解　説　1（○）オリゴマーを形成している酵素であることが多い．
2（○）
3（○）
4（×）アロステリック酵素の触媒活性を阻害するアロステリックエフェクターのことを，負のアロステリックエフェクターという．アロステリックエフェクターの中には，アロステリック酵素の触媒活性を促進するものもある（正のアロステリックエフェクター）．
5（○）アロステリック酵素の基質濃度と反応速度の関係は，下図のようにS字曲線（シグモイド）を描く．

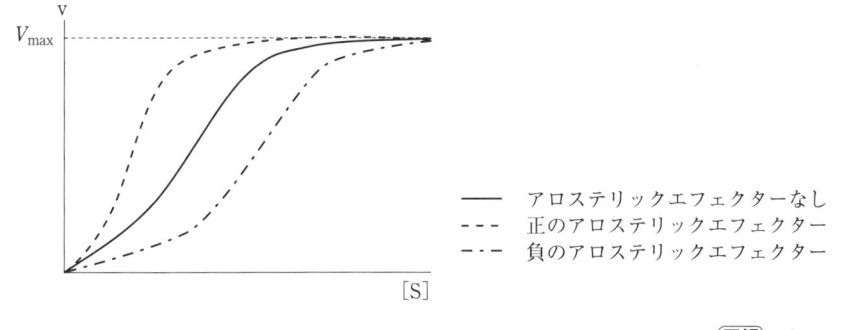

（グラフ：縦軸 v，V_{max}，横軸 [S]）
―――　アロステリックエフェクターなし
- - -　正のアロステリックエフェクター
-・-・　負のアロステリックエフェクター

正解　4

◆ **確認問題** ◆

次の文の正誤を判別し，○×で答えよ．
□□□　1　酵素阻害剤とは，酵素のある部位に結合して反応速度を低下させる物質である．
□□□　2　基質の濃度が高くなると阻害される物質がある．
□□□　3　ヨード酢酸や重金属イオンによる不可逆的阻害では，基質濃度を高めると阻害の程度が低下する．
□□□　4　シアン化物イオンは，シトクロム c 酸化酵素の活性中心にある金属イオンに結合して酵素活性を低下させる．
□□□　5　同一個体に存在する1つの酵素が，異なった化学反応を触媒する場合，これをアイソザイムという．

104 3. 生命活動を担うタンパク質

□□□ **6** 多くの消化酵素は，チモーゲン（プロエンザイム）の形として細胞中で生合成され，その一部が限定分解されたあと分泌される．

正解と解説

1 （○）
2 （○）
3 （×） 不可逆的阻害剤は共有結合により酵素に強く結合する．そのため，基質は結合できなくなるので，基質濃度を高めても阻害の程度が軽減することはない．
4 （○）
5 （×） アイソザイムとは，同一個体中にあって，同じ化学反応を触媒する異なった酵素群のことをいう．
6 （×） 多くの消化酵素は，チモーゲン（プロエンザイム）の形で細胞より分泌され，作用部位でその一部が限定分解されて活性化されるものが多い．

3.3 ◆ 酵素以外の機能タンパク質

到達目標 細胞内外の物質や情報の授受に必要なタンパク質（受容体，チャネルなど）の構造と機能を概説できる．

・細胞膜受容体

問題 3.19 細胞膜受容体に関する記述として，**誤りを含む**ものはどれか．
1 酵素関連型，チャネル内蔵型，Gタンパク質共役型に大別される．
2 粗面小胞体のリボソームで生合成される．
3 細胞内領域に糖鎖が付加されている．
4 膜貫通領域には，疎水性アミノ酸残基が多い．
5 膜貫通領域は，ヘリックス構造をとることが多い．

キーワード 酵素関連型，チャネル内蔵型，Gタンパク質共役型，糖鎖，ヘリッ

3.3 酵素以外の機能タンパク質

クス構造

解説 1（○）酵素関連型は，プロテインキナーゼ，ホスファターゼやグアニル酸シクラーゼなどの酵素活性を制御する．酵素関連型は，さらに受容体自身が酵素活性を細胞内領域に内蔵しているものと，近傍に別の分子として存在している酵素と直接共役するものとに分けられる．
2（○）一般に，膜タンパク質や分泌タンパク質は，結合型リボソームで生成され，ゴルジ体で糖鎖が付加される．
3（×）一般に，細胞外領域に糖鎖が付加される．
4（○）細胞膜は脂質二重層であり，疎水性環境である．
5（○）膜貫通領域はヘリックスを形成していることが多く，アミノ酸の疎水性側鎖がリン脂質のアルキル基と相互作用している．

正解　3

・チャネル

問題 3.20　チャネルに関する記述として，**誤り**を含むものはどれか．
1　ニコチン性アセチルコリン受容体は，リガンド依存型チャネルである．
2　一つの膜貫通領域が，チャネル部分を形成する．
3　特定のイオンのみを，細胞膜を隔てて移動するものが多い．
4　膜電位の変化に応じて，開閉が調節されるものがある．
5　物質の通路であり，物質を結合して輸送するキャリアではない．

キーワード　イオン輸送，透過孔，開閉の調節

解説 1（○）チャネル内蔵型受容体とリガンド依存型チャネルは同じものである．
2（×）チャネル部分の形成には，複数の膜貫通領域が関与する．

3. 生命活動を担うタンパク質

3（○）　水分子を輸送するものもあるが，ほとんどのチャネルはイオン輸送を行う．
4（○）　電位依存型チャネルといわれる．その他に，細胞内の調節分子が開閉を超越するチャネルもある（ATP感受性カリウムチャネルなど）．
5（○）

正解　2

・Gタンパク質共役型受容体

問題3.21　Gタンパク質共役型受容体の構造に関する記述として，正しいものはどれか．
1　単量体であり，膜貫通領域の総数は1つである．
2　単量体であり，膜貫通領域の総数は4つである．
3　単量体であり，膜貫通領域の総数は7つである．
4　サブユニットをもち，膜貫通領域の総数は4つである．
5　サブユニットをもち，膜貫通領域の総数は7つである．

キーワード　単量体，7回膜貫通型

解説
1（×）
2（×）
3（○）　Gタンパク質と共役する受容体の構造上の特徴は，膜貫通領域を7つもつ1本のポリペプチドである．
4（×）
5（×）

正解　3

3.3 酵素以外の機能タンパク質

到達目標 物質の輸送を担うタンパク質の構造と機能を概説できる．

・輸送体

> **問題 3.22** 能動輸送を行うタンパク質に関する記述として，**誤りを含むもの**はどれか．
> 1 複数の膜貫通領域がある．
> 2 目的物質を認識し，結合する部位がある．
> 3 目的物質を，濃度勾配の逆方向に輸送する．
> 4 ポンプは，GTP を加水分解する酵素活性をもつ．
> 5 共輸送体は，目的物質以外の物質の濃度勾配を利用する．

キーワード ポンプ，共輸送体，エネルギー依存性，逆方向への輸送

解説
1 (○) 能動輸送および受動輸送に関係なく，輸送体タンパク質であれば，複数の領域が細胞膜を貫通している．
2 (○) 酵素と同様に能動輸送体には，目的物質を認識し結合する部位がある．結合した後，構造変化により，目的物質を細胞膜の反対側に運ぶ．
3 (○) 能動輸送では，目的物質を濃度勾配に逆らって輸送する．そのためにはエネルギーが必要である．
4 (×) ポンプは一次能動輸送体であり，ATP の加水分解で生じるエネルギーを利用し，目的物質を輸送する．つまりポンプは，ATP アーゼという酵素でもある．
5 (○) 共輸送体は二次能動輸送体であり，一次能動輸送体が形成したイオン濃度勾配の化学的ポテンシャルをエネルギーとして，目的物質を輸送する．

正解 4

・受動輸送体

問題3.23 受動輸送を行うタンパク質に関する記述として，**誤りを含む**ものはどれか．
1 複数の膜貫通領域がある．
2 目的物質を，濃度勾配の同方向に輸送する．
3 チャネルは，目的物質を認識し結合する部位がない．
4 グルコーストランスポーターは，グルコースのみが流れる通過路をもつ．
5 物質輸送の速度は，グルコーストランスポーターよりチャネルによる輸送の方が速い．

キーワード チャネル，グルコーストランスポーター，エネルギー非依存性，同方向への輸送

解説
1（○）能動輸送および受動輸送に関係なく，輸送体タンパク質であれば，複数の領域が細胞膜を貫通している．
2（○）受動輸送では，目的物質を濃度勾配の同方向に輸送する．物質は濃度勾配の低い方向に移動（拡散）するため，輸送体はエネルギーを必要としない．輸送タンパク質を介した受動輸送を，促進拡散という．
3（○）チャネルは物質の通路であり，物質を結合して輸送するキャリアではない．
4（×）グルコーストランスポーターはチャネルではなく，通過路は形成していない．グルコースを認識し結合する部位があり，結合した後，構造変化によりグルコースを細胞膜の反対側に運ぶ．
5（○）チャネルによる物質移動では，通過孔を物質が流れるため，物質を認識・結合して移動するよりも，速度が速い．

正解 4

3.3 酵素以外の機能タンパク質　*109*

・運搬タンパク質

> 問題 3.24　運搬タンパク質と輸送される物質との組合せとして，正しいものはどれか．
> 1　ヘモグロビン ――― 銅
> 2　アルブミン ――― カルシウム
> 3　セルロプラスミン ― 亜鉛
> 4　フェリチン ――― ナトリウム
> 5　トランスフェリン ― 鉄

キーワード　トランスフェリン，鉄運搬タンパク質

解　説　1（×）　ヘモグロビンは，血中の酸素運搬タンパク質である．
2（×）　アルブミンは，血中の脂溶性物質（脂肪酸，ビリルビン，脂溶性ホルモンや薬物など）の運搬に関与している．
3（×）　セルロプラスミンは，血中の銅の運搬に関与している．
4（×）　フェリチンは，肝臓などにおける鉄の貯蔵タンパク質である．
5（○）　トランスフェリンは，血中の鉄運搬タンパク質である．

正解　5

到達目標　血漿リポタンパク質の種類と機能を概説できる．

・血漿リポタンパク質の構造

> 問題 3.25　血漿リポタンパク質の構造に関する記述として，正しいものはどれか．
> 1　アポリポタンパク質1分子と多数の脂質分子との集合体である．
> 2　粒子径が最も大きいものは，高密度リポタンパク質（HDL）である．

3 密度が最も低いものは，超低密度リポタンパク質 VLDL である．
4 内部には，トリアシルグリセロールやアポリポタンパク質が位置する．
5 表面には，リン脂質やコレステロールが位置する．

キーワード　アポリポタンパク質，トリアシルグリセロール，コレステロール，リン脂質，集合体

解説　1（×）　血漿リポタンパク質は，内部に多数のトリアシルグリセロールやコレステロールエステルを含み，表面に多数のアポリポタンパク質，リン脂質，コレステロールが位置する構造であり，組成の違いにより主に5種類に分けられる．
2（×）　粒子径が最も大きいものはキロミクロンであり，最も小さいものは HDL である．
3（×）　密度が最も低いものはキロミクロンであり，最も高いものは HDL である．
4（×）
5（○）

正解　5

・血漿リポタンパク質の形成

問題3.26　血漿リポタンパク質の形成に関する記述として，正しいものはどれか．
1 キロミクロンは，主に小腸で形成される．
2 高密度リポタンパク質（HDL）は，主に脂肪組織で形成される．
3 中間密度リポタンパク質（IDL）は，主に腎臓で形成される．
4 低密度リポタンパク質（LDL）は，主に肝臓で形成される．
5 超低密度リポタンパク質（VLDL）は，主に末梢組織で形成される．

3.3 酵素以外の機能タンパク質 111

キーワード キロミクロン，HDL，LDL，IDL，VLDL

解　説 1（○）　小腸から吸収された食餌由来のトリアシルグリセロールやコレステロールは，小腸でキロミクロンを形成する．
2（×）　HDL は肝臓でつくられ，血中に放出される．
3（×）　IDL は VLDL の代謝により生成する．脂肪組織や筋組織において VLDL がリポタンパク質リパーゼによる作用を受け，IDL となる．
4（×）　IDL は肝臓に吸収されるが，特にコレステロール含量の高い IDL 粒子は LDL となり，血中を末梢組織に移動する．
5（×）　VLDL は肝臓で形成され，血中に放出される．

〔正解〕　1

・血漿リポタンパク質の役割

> **問題 3.27**　血漿リポタンパク質の役割に関する記述として，正しいものはどれか．
> 1　キロミクロンは，主にコレステロールを脂肪組織に運ぶ．
> 2　高密度リポタンパク質（HDL）は，主にコレステロールを肝臓に運ぶ．
> 3　中間密度リポタンパク質（IDL）は，主にトリアシルグリセロールを末梢組織に運ぶ．
> 4　低密度リポタンパク質（LDL）は，主にトリアシルグリセロールを脂肪組織に運ぶ．
> 5　超低密度リポタンパク質（VLDL）は，主にトリアシルグリセロールを肝臓に運ぶ．

キーワード 善玉コレステロール，悪玉コレステロール

解　説 1（×）　キロミクロンは吸収された脂質を，小腸からリンパ管を通して，脂肪組織，筋組織や肝臓に運ぶ．

112　3. 生命活動を担うタンパク質

　　　　2（○）　HDL は，コレステロールを末梢組織から肝臓に運ぶ．末梢組織のコレステロール蓄積を防止するため，HDL コレステロールは善玉コレステロールといわれる．
　　　　3（×）　IDL は VLDL の代謝生成体であり，VLDL 再構成や LDL 形成における役割はあるが，脂質の運搬には特に役割はない．
　　　　4（×）　LDL は，コレステロールを肝臓から末梢組織に運ぶ．末梢組織のコレステロール蓄積を促進するため，動脈硬化の最大の危険因子であり，LDL コレステロールは悪玉コレステロールといわれる．
　　　　5（×）　VLDL は肝臓で形成され，血中に放出される．

　　　　　　　　　　　　　　　　　　　　　　　　　正解　2

到達目標　細胞内で情報を伝達する主要なタンパク質を列挙し，その機能を概説できる．

・細胞内情報伝達を行うタンパク質

問題3.28　細胞内情報伝達に関するタンパク質とその機能との組合せとして，正しいものはどれか．
　1　アデニル酸シクラーゼ────── cAMP の分解
　2　プロテインキナーゼA────── タンパク質チロシン残基のリン酸化
　3　cGMP ホスホジエステラーゼ── 被リン酸化タンパク質の脱リン酸化
　4　ホスファチジルイノシトール(PI)─ PI-二リン酸（PIP$_2$）の
　　　-3 キナーゼ　　　　　　　　　　生成
　5　ホスホリパーゼC──────── イノシトール三リン酸の生成

3.3 酵素以外の機能タンパク質　113

キーワード　細胞内情報伝達系

解説　1（×）　アデニル酸シクラーゼは G_s タンパク質により活性化され，ATPから cAMP を生成する酵素である．
2（×）　プロテインキナーゼAは，cAMPにより活性化されるタンパク質リン酸化酵素であるが，リン酸化はセリン/トレオニン残基に起こる．
3（×）　cGMP ホスホジエステラーゼは G_t タンパク質により活性化され，cGMP を分解する酵素である．
4（×）　PI-3 キナーゼはリン酸化チロシン残基を含むドメインにより活性化され，PIP_2 から PIP_3 を生成する酵素である．
5（○）　ホスホリパーゼCは G_q タンパク質により活性化され，PIP_2 をイノシトール三リン酸とジアシルグリセロールとに分解する酵素である．

正解　5

・細胞周期に関与するタンパク質

問題 3.29　各細胞周期に対応してサブタイプの発現量が変化し，周期を調節するタンパク質はどれか．
1　カルモジュリン
2　サイクリン
3　サイクリン依存性キナーゼ
4　プロテインキナーゼC
5　MAP キナーゼ

キーワード　細胞周期，サイクリン，サイクリン依存性キナーゼ

解説　1（×）　カルモジュリンは Ca^{2+} 結合タンパク質で，多くのカルシウム依存性タンパク質の調節ユニットとなっている．発現量に大きな変動はなく，周期調節タンパク質ではない．

2（○）サイクリンは，サイクリン依存性キナーゼ（CDK）の調節因子であり，各周期ごとに必要なサイクリンが遺伝子発現する．サイクリンと CDK の組合せはアイソザイムごとに決まっている．

3（×）サイクリン依存性キナーゼ（CDK）は，発現量は周期によらずほぼ一定であるが，調節因子サイクリンの発現に従い，活性化される．必要なタンパク質をリン酸化し，実際に周期を進めるのは CDK である．

4（×）プロテインキナーゼ C は Ca^{2+} 依存性にジアシルグリセロールで活性化されるタンパク質リン酸化酵素であるが，周期調節タンパク質ではない．

5（×）MAP キナーゼは増殖に関与するタンパク質リン酸化酵素であるが，周期調節タンパク質ではない．

（正解）　2

・アポトーシスに関与するタンパク質

問題3.30　アポトーシスを進行するタンパク質分解酵素はどれか．
1　シトクロム c
2　PI-3 キナーゼ
3　MAP キナーゼ
4　カスパーゼ
5　ホスホリパーゼ A_2

キーワード　アポトーシス，カスパーゼ

解説　1（×）シトクロム c はミトコンドリア内のタンパク質で，ミトコンドリア経路のアポトーシスに関与するが，タンパク質分解酵素ではない．

2（×）PI-3 キナーゼは，細胞の生存や増殖に関与する酵素で，リン酸化酵素である．

3（×） MAPキナーゼは，細胞増殖に関与する酵素で，リン酸化酵素である．
4（○） カスパーゼは，アポトーシスを進行する一群のプロテアーゼである．カスパーゼはカスケード的に下流の酵素を分解し，順次活性化を連鎖し，最終的にアポトーシスを引き起こす．
5（×） ホスホリパーゼA_2は，リン脂質C2位の脂肪酸を遊離させる酵素であり，エイコサノイド生成におけるアラキドン酸遊離に関与する．

正解　4

到達目標　細胞骨格を形成するタンパク質の種類と役割について概説できる．

・細胞骨格タンパク質

問題 3.31　細胞骨格とその構成分子であるタンパク質との組合せとして，正しいものはどれか．
1　中間径フィラメント ── アクチン
2　中間径フィラメント ── ケラチン
3　ミクロフィラメント ── チューブリン
4　微小管 ──────── コラーゲン
5　微小管 ──────── ミオシン

キーワード　微小管，チューブリン，ミクロフィラメント（アクチンフィラメント），アクチン，中間径フィラメント

解説　1（×） アクチンは，ミクロフィラメントを構成する分子である．
2（○） ケラチンは，中間径フィラメントを構成する分子である．基本的に，微小管とミクロフィラメントはすべての細胞に共通に存在するが，中間径フィラメントには多種類あり，

116 3. 生命活動を担うタンパク質

　　　　　　　　　　どれが形成されているかは細胞種により異なる．
　　　　　　　3（×）　チューブリンは，微小管を構成する分子である．
　　　　　　　4（×）　コラーゲンは，細胞外マトリックス分子であり，細胞骨格
　　　　　　　　　　の形成には関与しない．
　　　　　　　5（×）　ミオシンは，筋繊維などでミクロフィラメントと相互作用
　　　　　　　　　　し，筋収縮に関与する分子である．

　　　　　　　　　　　　　　　　　　　　　　　　　　　　　　正解　2

・細胞骨格タンパク質

問題3.32　細胞骨格タンパク質に関する記述として，正しいものはどれか．
　1　アクチンは球状タンパク質であり，多数の分子が直列に重合
　　　する．
　2　アクチンは巨大な線維状タンパク質であり，3つの分子がヘリ
　　　ックスを形成する．
　3　アクチンは巨大な線維状タンパク質であり，多数の分子が直
　　　列に重合する．
　4　チューブリンは巨大な線維状タンパク質であり，3つの分子が
　　　ヘリックスを形成する．
　5　チューブリンは巨大な線維状タンパク質であり，多数の分子
　　　が直列に重合する．

キーワード　球状タンパク質，モノマー，重合

解　　説　1（○）　アクチンは球状タンパク質（Gアクチン）のモノマーが，
　　　　　　　　　　多数重合してロープ状の巨大分子（Fアクチン）となる．
　　　　　　　2（×）　線維状タンパク質で3分子がヘリックスを形成し束になる
　　　　　　　　　　のは，コラーゲンである．
　　　　　　　3（×）
　　　　　　　4（×）　チューブリンもアクチンと同様であり，球状モノマー（α,
　　　　　　　　　　β-チューブリン）が，繰り返し多数重合する．

5（×）

正解　1

・細胞骨格の役割

> **問題 3.33** タンパク質とそれが形成する細胞骨格の役割の組合せとして，正しいものはどれか．
> 1　ビメンチン ――――― 細胞小器官の移動
> 2　アクチン ――――― 細胞固有の形態形成
> 3　フィブロネクチン ―― 細胞の強度維持
> 4　チューブリン ――――― 核分裂における染色体の分離
> 5　ケラチン ――――― 細胞運動における偽足形成

キーワード　有糸分裂，紡錘糸

解説　1（×）ビメンチンは線維芽細胞などで中間径フィラメントを形成する．細胞小器官の移動では，微小管がレールとなってはたらき，その上をモータータンパク質といわれる分子が小器官を引っ張って移動させる．
2（×）細胞固有の形態を形成するのは，それぞれの細胞種に特異的に形成される中間径フィラメントによる．
3（×）中間径フィラメントは細胞内全体に張り巡らされており，固有の形態形成に加え，細胞に強度を与えている．なお，フィブロネクチンは細胞外マトリックスタンパク質であり，骨格タンパク質ではない．
4（○）真核細胞における核分裂は有糸分裂であり，紡錘糸が染色体を分離する．紡錘糸の本体は微小管である．
5（×）細胞運動の偽足形成は，細胞膜裏側周囲に，細胞膜と平行に走るミクロフィラメントが関与する．

正解　4

3.4 ◆ タンパク質の取扱い

到達目標 タンパク質の分離, 精製と分子量の測定法を説明し, 実施できる.

・分子量の測定

問題 3.34 タンパク質の分子量の測定に**使用しない**方法はどれか.
1　SDS-ポリアクリルアミドゲル電気泳動
2　ゲルろ過クロマトグラフィー
3　遠心分画法
4　紫外部吸収法
5　質量分析法

キーワード　SDS-ポリアクリルアミドゲル電気泳動, ゲルろ過クロマトグラフィー, 沈殿分画法, 紫外部吸収法, 質量分析法

解説　1（×）　網目構造をもつポリアクリルアミドゲルでタンパク質を電気泳動すると, 分子量の差によって分離する.
2（×）　三次元的な網目構造のゲルを用いてカラムクロマトグラフィーを行うと, 分子量の差によって分離する.
3（×）　タンパク質の水溶液に強い遠心力をかけると, タンパク質の大きさによって沈降する.
4（○）　トリプトファンやチロシンの紫外部（280 nm）の吸収を測定して, タンパク質濃度を定量する方法.
5（×）　レーザーなどでタンパク質をイオン化して, 電磁気的に分離して質量を測定する. マトリックス支援レーザー脱離イオン型飛行時間型質量分析（MALDI-TOF-MS）などが使われる.

正解　4

・タンパク質の分離

> **問題 3.35** タンパク質の分離に**使用しない**方法はどれか．
> 1 イオン交換クロマトグラフィー
> 2 ゲルろ過クロマトグラフィー
> 3 アフィニティークロマトグラフィー
> 4 ローリー法
> 5 SDS-ポリアクリルアミドゲル電気泳動

キーワード イオン交換クロマトグラフィー，ゲルろ過クロマトグラフィー，アフィニティークロマトグラフィー

解説
1（×）タンパク質の電荷によって結合させ，その吸着度の差によって分離する．
2（×）分子量の差によって分離するカラムクロマトグラフィー．
3（×）リガンド分子へのタンパク質の親和性の差によって分離する．
4（○）タンパク質濃度の定量法．
5（×）アクリルアミドゲルでタンパク質を電気泳動し，分子量の差によって分離する．

正解　4

◆ 確認問題 ◆

次の文の正誤を判別し，○×で答えよ．
□□□ 1 ヒトのタンパク質の精製は，37℃で行った方がよい．
□□□ 2 タンパク質を塩析で分画するために，塩化ナトリウムが広く用いられている．
□□□ 3 タンパク質を精製する時は，pH が一定になるように緩衝液を用いた方がよい．
□□□ 4 膜タンパク質を生体膜から抽出するために界面活性剤が用いられる．

120　3. 生命活動を担うタンパク質

正解と解説

1（×）　一般に高温ではタンパク質が変性することがあるので，低温（4℃前後）で行った方がよい．
2（×）　塩析には硫酸アンモニウムが広く用いられている．
3（○）　タンパク質は安定なpHに保たないと，変性することがある．
4（○）　界面活性剤がミセルを形成し，ミセル内に膜タンパク質を溶かし込むことができる．

到達目標　タンパク質のアミノ酸配列決定法を説明できる．

・エドマン分離

問題3.36　エドマン分解に使用する試薬はどれか．
1　ジチオスレイトール
2　モノヨード酢酸
3　フェニルイソシアネート
4　クマシーブリリアントブルー（CBB）
5　トリプシン

キーワード　ジチオスレイトール，モノヨード酢酸，フェニルイソシアネート

解説

1（×）　還元剤．ジスルフィド結合（-S-S-結合）結合を切断するのに用いられる．
2（×）　アルキル化剤．SH基をアルキル化し，ジスルフィド結合（-S-S-結合）結合の形成を防ぐ．
3（○）　フェニルイソシアネートはN末端のアミノ基と反応し，トルフルオロ酢酸で処理するとN末端のアミノ酸のアニリノチアゾリン誘導体が遊離する．このエドマン分解法を利用して，アミノ酸配列を決定する．
4（×）　ポリアクリルアミドゲル電気泳動で分離したタンパク質を

染色するのに用いる.
5（×） 塩基性アミノ酸のところで切断するタンパク分解酵素.

[正解] 3

・ペプチドの化学的切断

問題 3.37　臭化シアンはどのアミノ酸と反応してペプチドを切断するか.
1　アルギニン
2　システイン
3　プロリン
4　メチオニン
5　リシン

キーワード　臭化シアン，メチオニン，アルギニン，システイン，プロリン，リシン

解説　1, 5（×）　塩基性ペプチドで，ペプチド中のアルギニンとリシンはトリプシンの切断部位になる.
2（×）　SH 基をもつアミノ酸で，酸化されるとジスルフィド結合を生成する.
3（×）　環状構造のイミノ酸.
4（○）　臭化シアンはメチオニンと特異的に反応し，C 末端側のペプチド結合が切断される.

[正解] 4

・アミノ酸配列決定法

問題 3.38　アミノ酸配列を決定するためには直接用いない方法はどれか.
1　ESI Q-TOF 質量分析
2　エドマン法
3　ローリー法

4　ヒドラジン分解法
　　　5　カルボキシペプチダーゼ法

キーワード　エドマン法，ローリー法，ヒドラジン分解法，カルボキシペプチダーゼ法

解説　1（×）　タンデム（MS/MS）質量分析することによって，アミノ酸配列を調べることができる．
　　2（×）　ペプチドのN末端アミノ酸をフェニルイソシアネートを用いて切断し，アミノ酸残基を同定する方法である．
　　3（○）　タンパク質濃度の定量法である．
　　4（×）　タンパク質のC末端アミノ酸の決定法
　　5（×）　カルボキシペプチダーゼはタンパク質のC末端から順次アミノ酸を切り出すことができるので，C末端アミノ酸配列の決定に用いられる．

正解　3

4 代 謝

4.1 ◆ 栄養素の利用

到達目標 食物中の栄養成分の消化・吸収，体内運搬について概説できる．

・糖質の消化・吸収

> **問題 4.1** 糖質の消化・吸収に関する次の記述のうち，正しいものはどれか．
> 1 唾液中の α-アミラーゼはアミロペクチンの α-1,6 結合を切断できる．
> 2 α-アミラーゼは，でんぷんの非還元末端から順にマルトース単位で消化する．
> 3 β-アミラーゼは β-1,4 結合を切断できる．
> 4 糖質は，受動拡散で小腸粘膜上皮細胞に吸収される．
> 5 α-アミラーゼは，唾液中のみでなく膵液中にも存在する．

キーワード アミラーゼ，アミロース，アミロペクチン，非還元末端，マルトース単位，能動輸送，促進拡散，受動拡散，α-1,4 結合，α-1,6 結合，β-1,4 結合

解 説 1（×） α-アミラーゼは α-1,4 結合を分子の内部からランダムに切断する酵素であり，α-1,6 結合部分は限界デキストリンとして残る．

2（×） α-アミラーゼは内部からランダムに切断する酵素（endo

124　4. 代 謝

　　　　　　　　　　　型）であり，β-アミラーゼが非還元末端側から順にマル
　　　　　　　　　　　トース単位で消化する（exo 型）酵素である．
　　　　　　　3（×）　β-1,4 結合を切断するのはセルラーゼである．
　　　　　　　4（×）　グルコースやガラクトースは能動輸送，フルクトースは促
　　　　　　　　　　　進拡散で小腸粘膜上皮細胞に吸収される．
　　　　　　　5（○）

　　　　　　　　　　　　　　　　　　　　　　　　　　　　　　正解　5

・脂質の消化・吸収，体内運搬

問題 4.2　中性脂肪の消化・吸収に関する次の記述のうち，正しいものは
どれか．
　1　胆汁酸は，膵液リパーゼによる消化物を中和する．
　2　胆汁酸は，コレステロールから生合成される．
　3　膵液リパーゼは，中性脂肪をグリセリンと脂肪酸にまで消化
　　　する．
　4　中性脂肪の消化物は，主に大腸部位で吸収される．
　5　食餌由来の中性脂肪は，キロミクロンを形成し直接血液中に
　　　分泌される．

キーワード　胆汁酸，膵液リパーゼ，コレステロール，中性脂肪，2-アシルグリ
　　　　　　セロール，キロミクロン

解　説　　1（×）　胆汁酸は界面活性作用により脂肪等を乳化し，膵液リパー
　　　　　　　　　　ゼ（酵素＝親水性）による脂肪の消化を可能にする．
　　　　　2（○）
　　　　　3（×）　膵液リパーゼによる中性脂肪消化物のおよそ 70 ％は，2-
　　　　　　　　　　アシルグリセロールである．
　　　　　4（×）　膵液リパーゼにより 2-アシルグリセロールと脂肪酸にま
　　　　　　　　　　で消化された中性脂肪は，小腸粘膜上皮細胞から吸収され
　　　　　　　　　　た後，同細胞中でトリアシルグリセロール（中性脂肪）に

再合成される．

5（×） 小腸粘膜上皮細胞中で再合成された中性脂肪は，キロミクロンを形成しリンパ液中に分泌される．

正解　2

・タンパク質の消化

問題 4.3　タンパク質の消化酵素に関する次の記述のうち，正しいものはどれか．
1　タンパク質消化酵素は，すべてエンドペプチダーゼである．
2　タンパク質の消化によってアミノ酸が生じる．
3　アミノ酸は，小腸粘膜から単純拡散によって吸収される．
4　ペプシンから活性型のペプシノーゲンが生成する．
5　トリプシンは，主に胃液中でタンパク質を消化する．

キーワード　チモーゲン，ペプシノーゲン，ペプシン，トリプシン，キモトリプシン，アミノペプチダーゼ，カルボキシペプチダーゼ，能動輸送

解説　1（×）アミノペプチダーゼ，カルボキシペプチダーゼは，末端から作用するエキソペプチダーゼである．
2（○）
3（×）アミノ酸は，ピリドキサルリン酸（ビタミン B_6 誘導体）が関与する能動輸送で小腸上皮細胞に取り込まれる．
4（×）胃液中でペプシノーゲン（チモーゲン）は，活性型のペプシンに分解される．
5（×）トリプシンやキモトリプシンは，弱アルカリ性の至適 pH をもつ．

正解　2

4.2 ◆ ATP の産生

到達目標 ATP が高エネルギー化合物であることを，化学構造をもとに説明できる．

・ATP の構造と高エネルギー結合

問題 4.4 ATP に関する次の記述のうち，正しいものはどれか．
1. ATP は，構造中にアデニンとデオキシリボースをもつ．
2. ATP がもつエネルギーとは，構成する糖質がもつエネルギーのことである．
3. ATP 分子内のリン酸基は負に帯電し，互いに反発し合った状態にある．
4. 生体内でエネルギーを放出した ATP はすべて ADP となる．
5. ATP がもつ 3 個のリン酸基は，構成する糖の 2′-，3′- および 5′-水酸基に 1 つずつ結合している．

キーワード ATP，ADP，高エネルギー結合，リン酸

解説
1 (×) 構造中にアデニン，リボース（および 3 つの連続したリン酸）をもつ．
2 (×) 3 つの連続したリン酸基によるもの．リン酸基は負に帯電しており，互いに反発している．この結合（高エネルギー結合）を維持するために，ATP 分子は極めて高い内部エネルギーを保持する必要がある．
3 (○)
4 (×) ATP → AMP + PPi の反応も存在する（例えば，脂肪酸からアシル CoA への活性化）．
5 (×) 通常は，5′位に 3 つのリン酸が連続して結合する．このリ

ン酸は，末端側から γ, β, α 位のリン酸と呼ぶ．

正解　3

・高エネルギー化合物の種類

> **問題 4.5** 高エネルギー化合物に関する次の記述のうち，正しいものはどれか．
> 1 グアノシン三リン酸（GTP）は，ATPとは異なり高エネルギー化合物ではない．
> 2 アデノシン一リン酸（AMP）は，分子内に高エネルギー結合をもたない．
> 3 AMPとアデノシン二リン酸（ADP）とでは，ほぼ等しい自由エネルギー変化（$G^{0'}$）を示す．
> 4 ATPは，生体内で最も高エネルギー準位の結合をもつ化合物である．
> 5 脊椎動物では，ATPのエネルギーはすべてクレアチンリン酸として貯蔵される．

キーワード　高エネルギー化合物，ATP，ADP，AMP，GTP，ホスホエノールピルビン酸，1,3-ビスホスホグリセリン酸，クレアチンリン酸

解　説　1（×）　例えばGTP，CTP，TTPなどは，ATPと同様に高エネルギー化合物である．
　　　　2（○）　AMPはリン酸基が1つであり，負電荷同士の反発がないので高エネルギー結合はもたない（一般に，高エネルギー化合物とはいわない）．
　　　　3（×）　ADPは2つのリン酸基の負電荷が反発するので，高エネルギー結合をもつ．
　　　　4（×）　ホスホエノールピルビン酸（-61.9 kJ/mol）や1,3-ビスホスホグリセリン酸（-49.4 kJ/mol）などがある．
　　　　5（×）　一般に，筋肉ではATPのエネルギーがクレアチンリン酸

として貯蔵される(クレアチンリン酸 + ADP →クレアチン + ATP).

正解 2

・自由エネルギー変化と ATP

問題 4.6 自由エネルギー変化($G^{0'}$)に関する次の記述のうち,正しいものはどれか.
1 自由エネルギー変化が負である反応を,吸エルゴン反応という.
2 発エルゴン反応は自発的には起こらない.
3 ATP は ADP より化学的に安定である.
4 ATP の加水分解反応における自由エネルギー変化は負である.
5 一般に,反応系の自由エネルギー変化が負に大きいほど反応は速やかに進行する.

キーワード 自由エネルギー変化,発エルゴン反応,吸エルゴン反応

解説 1 (×) 自由エネルギー変化が負である反応を,発エルゴン反応という.
2 (×) 発エルゴン反応は自発的に起こる.
3 (×) ADP のほうが,リン酸基同士の負電荷反発が少なく安定である.
4 (○) ATP + H_2O ⟶ ADP + H_3PO_4 の反応で,30.5 kJ/mol の自由エネルギーを放出する(負).
5 (×) 自由エネルギー変化は平衡のかたより(方向性)を示すが,反応速度とは無関係である.

正解 4

4.2 ATPの産生

到達目標 解糖系について説明できる.

・解糖系

> **問題 4.7** 解糖系に関する次の記述のうち,正しいものはどれか.
> 1 解糖系に関与する酵素群は,ミトコンドリアに局在している.
> 2 1分子のグルコースからピルビン酸生成までの過程で,正味2分子のATPを産生する.
> 3 グリコーゲンの1グルコース単位からピルビン酸生成までの過程で,正味1分子のATPを産生する.
> 4 嫌気的条件下では反応は進行しない.
> 5 好気的条件下ではピルビン酸から乳酸が生成する.

キーワード 解糖系,細胞質,グルコース,グリコーゲン,ピルビン酸,乳酸,ATP,嫌気的代謝

解説
1 (×) 解糖系の各酵素は,細胞質に局在している.
2 (○) 前半の5段階の反応で2 ATPを消費,後半の5段階の反応で4 ATPを産生し,正味2 ATPを産生する.
3 (×) グリコーゲンから解糖系に入るときは,最初のヘキソキナーゼ反応(1 ATP消費)を受けないため,正味3 ATPを産生する.
4 (×) 解糖系の反応は,酸素の有無にかかわらず進行する.
5 (×) ピルビン酸は,酸素非存在下では乳酸に,酸素存在下ではクエン酸回路に導入され,CO_2とH_2Oにまで分解される.

正解 2

・解糖系

> **問題 4.8** 解糖系に関する次の記述のうち，正しいものはどれか．
> 1 解糖系は，グルコースが代謝される唯一の経路である．
> 2 解糖系の反応では，代謝中間体として糖のリン酸化体を生じる．
> 3 解糖系はエネルギー獲得の系であり，ATPを消費することはない．
> 4 解糖系は，動植物だけが進化の過程で獲得したエネルギー産生経路である．
> 5 解糖系で産生するNADH + H^+は，電子伝達系でATP産生に利用されない．

キーワード 解糖系，リン酸化体，ATP産生，NADH + H^+

解説
1（×）ペントースリン酸回路は解糖系のバイパス経路であり，解糖系が唯一の代謝経路ではない．また，ペントースリン酸回路は，グルコースから核酸構成成分であるリボース5-リン酸を生成する経路としても重要である．
2（○）
3（×）前半の反応でATPを消費，後半の反応でATPを産生する．
4（×）広く動植物や微生物に存在する，生物に共通の基本的な反応系である．
5（×）十分量の酸素があれば，NADH + H^+はミトコンドリアの電子伝達系で酸化される．

正解 2

・解糖系

問題 4.9 解糖系の酵素に関する次の記述のうち，**誤っているもの**はどれか．
1 ホスホフルクトキナーゼ反応は，AMP，ADP などによって抑制される．
2 解糖系の最初の反応（ヘキソキナーゼ）は不可逆反応である．
3 グリセルアルデヒド 3-リン酸デヒドロゲナーゼの反応では，NAD^+ を還元して NADH を生じる．
4 解糖系で消費する NAD^+ は，嫌気的条件下，乳酸デヒドロゲナーゼにより再生する．
5 ホスホエノールピルビン酸からピルビン酸が生じる反応（ADP → ATP）は，基質レベルのリン酸化である．

キーワード ヘキソキナーゼ，ホスホフルクトキナーゼ，グリセルアルデヒド 3-リン酸デヒドロゲナーゼ，乳酸デヒドロゲナーゼ，嫌気的条件，基質レベルのリン酸化

解説 1（×） 解糖系はエネルギー獲得を目的とする経路であるから，ADP，AMP 存在下（＝ATP 不足）で促進される．
2（○） ヘキソキナーゼ，ホスホフルクトキナーゼ，ピルビン酸キナーゼの各反応は不可逆反応である．
3（○） グリセルアルデヒド 3-リン酸デヒドロゲナーゼの反応は，解糖系で唯一の酸化反応である．
4（○） 嫌気的条件下，ピルビン酸は乳酸デヒドロゲナーゼにより乳酸へと代謝される．この反応は，解糖系唯一の還元反応である．
5（○） ホスホグリセリン酸キナーゼおよびピルビン酸キナーゼにより，ADP → ATP 反応（基質レベルのリン酸化）が触媒される．

正解 1

4. 代 謝

到達目標 クエン酸回路について説明できる.

・クエン酸回路

> **問題 4.10** ピルビン酸の酸化的代謝に関する次の記述のうち,正しいものはどれか.
> 1 ピルビン酸にピルビン酸カルボキシラーゼが作用すると,アセチル CoA が生じる.
> 2 ピルビン酸にピルビン酸デヒドロゲナーゼ複合体が作用するとオキサロ酢酸が生じる.
> 3 ピルビン酸からアセチル CoA が生じる過程は可逆的である.
> 4 ピルビン酸デヒドロゲナーゼ複合体が機能するには,ビタミン B_6 誘導体が必要である.
> 5 ピルビン酸からアセチル CoA が生じる過程では,同時に $NADH + H^+$ と CO_2 が産生される.

キーワード クエン酸回路,ピルビン酸,アセチル CoA,オキサロ酢酸,ピルビン酸カルボキシラーゼ,ピルビン酸デヒドロゲナーゼ複合体

解　　説
1（×）ピルビン酸にピルビン酸カルボキシラーゼが作用すると,オキサロ酢酸になる.この反応は,アセチル CoA や ATP などによって促進する.
2（×）ピルビン酸にピルビン酸デヒドロゲナーゼ複合体が作用すると,アセチル CoA が生じる.この反応は,アセチル CoA や ATP などによって抑制を受ける.
3（×）ピルビン酸デヒドロゲナーゼ複合体は不可逆反応である.
4（×）ピルビン酸デヒドロゲナーゼ複合体は,リポ酸,TPP（VB_1）,CoA-SH（パントテン酸）,FAD（VB_2）,NAD^+（ナイアシン）の 5 種類の補酵素を利用する複合酵素系である.

5（○）

正解　5

・クエン酸回路

> **問題 4.11**　クエン酸回路に関する次の記述のうち，**誤っているもの**はどれか．
> 1　クエン酸回路が一巡する毎に，アセチル CoA の 1 モル相当分が消費される．
> 2　クエン酸回路では，補酵素として主に NAD^+ が関与している．
> 3　クエン酸回路の中間体は，糖新生やアミノ酸合成にも利用される．
> 4　クエン酸回路では，基質レベルのリン酸化は行われない．
> 5　クエン酸回路を構成する酵素群はミトコンドリア内に局在する．

キーワード　クエン酸回路，基質レベルのリン酸化，酸化的リン酸化，アセチル CoA

解説
1（○）　まず，オキサロ酢酸とアセチル CoA が反応し，回路を一巡してオキサロ酢酸に戻ることから，クエン酸回路の一巡は実質 1 モルのアセチル CoA を消費していることになる．
2（○）　このほかに FAD も関与しており，いずれも電子伝達系を介してエネルギー産生（酸化的リン酸化）と関連する．
3（○）
4（×）　スクシニル CoA からコハク酸への代謝過程で，GTP が生成する．GTP は，末端のリン酸基を ADP に渡して ATP の生成に利用される（基質レベルのリン酸化）．
5（○）　クエン酸回路はミトコンドリア内に局在し，解糖系は細胞質に局在する．

正解　4

・クエン酸回路

問題 4.12 クエン酸回路に関する次の記述のうち，正しいものはどれか．
1. クエン酸回路を構成する酵素の多くは，ミトコンドリア外膜に存在する．
2. アセチル CoA から始まるクエン酸回路では，3 モルの $FADH_2$ と 1 モルの $NADH + H^+$ を生ずる．
3. クエン酸回路で生成された $NADH + H^+$，$FADH_2$ は，電子伝達系で ATP 生成に利用される．
4. コハク酸デヒドロゲナーゼのみが，ミトコンドリアのマトリクスに局在する．
5. リンゴ酸デヒドロゲナーゼは，電子伝達系の複合体 II の構成成分である．

キーワード ミトコンドリア，ミトコンドリア内膜，マトリクス，コハク酸デヒドロゲナーゼ，電子伝達系，複合体 II，$NADH + H^+$，$FADH_2$

解説
1（×） コハク酸デヒドロゲナーゼを除き，ミトコンドリアのマトリクスに局在する．
2（×） 1 モルの $FADH_2$ と 3 モルの $NADH + H^+$ を生ずる．
3（○）
4（×） コハク酸デヒドロゲナーゼのみがミトコンドリア内膜に局在している．
5（×） コハク酸デヒドロゲナーゼが，電子伝達系の複合体 II の構成成分である．

正解　3

4.2 ATPの産生

到達目標 電子伝達系（酸化的リン酸化）について説明できる．

・電子伝達系

問題 4.13 電子伝達系に関する次の記述のうち，正しいものはどれか．
1 クエン酸回路により生成したNADH + H^+は，複合体IIによって酸化される．
2 ミトコンドリア内膜に存在するコハク酸デヒドロゲナーゼは電子伝達に関与しない．
3 複合体IIIに渡った電子は，補酵素Q（CoQ）を介して複合体IVに伝達される．
4 伝達される電子とプロトン（H^+）は，最終的に分子状酸素に渡され水を生成する．
5 複合体IやIIから渡った電子は，シトクロム c を介して複合体IIIに渡される．

キーワード 電子伝達系，呼吸鎖，複合体，補酵素Q（CoQ），シトクロム c，ミトコンドリア内膜，プロトン（H^+）

解説
1（×）　NADH + H^+は，複合体Iによって酸化される．
2（×）　クエン酸回路に関わるコハク酸デヒドロゲナーゼは，自身が複合体IIを構成している．
3（×）　複合体IやIIから渡った電子は，補酵素Q（CoQ）を介して複合体IIIに伝達される．
4（〇）　呼吸で得た酸素が最終的な電子受容体となる．呼吸鎖と呼ばれる所以である．
5（×）　シトクロム c は複合体IIIにより還元され，複合体IVに電子伝達する．

正解　4

・複合体の構成と機能

問題4.14 電子伝達系（酸化的リン酸化）に関する次の記述のうち，**誤っているもの**はどれか．
1 複合体Ⅰは，FMNと鉄-イオウクラスターをもつ．
2 複合体ⅠおよびⅡは，いずれも補酵素Q（CoQ）へ電子を伝達する機能をもつ．
3 複合体Ⅲは，シトクロムcの還元を行う．
4 4種の複合体Ⅰ〜Ⅳは，いずれもマトリクス側から膜間腔へのプロトンポンプとしての機能をもつ．
5 複合体Ⅳは，還元型シトクロムcから電子を受け取り，分子状酸素に電子を渡す．

キーワード 酸化的リン酸化，プロトンポンプ，複合体，膜間腔，マトリクス，分子状酸素，シトクロムc

解説
1（○）
2（○）
3（○） 複合体Ⅲは，還元型CoQによりシトクロムcを還元する反応を触媒する．
4（×） 複合体Ⅱの電子伝達では酸化還元電位が小さく，プロトンポンプとしての機能はない．
5（○） 複合体Ⅳは，分子状酸素に電子を渡し，水を生成する反応を触媒する．

正解 4

・ATP 産生と酸化的リン酸化

> **問題 4.15** 電子伝達系（酸化的リン酸化）に関する次の記述のうち，正しいものはどれか．
> 1 電子伝達に伴いプロトン（H^+）がマトリクスに蓄積し，ATP 合成の原動力となる．
> 2 コハク酸から補酵素 Q（CoQ）への反応の自由エネルギー変化は，ATP 合成に不十分である．
> 3 ATP 合成酵素は，マトリクスから膜間腔側へ流れるプロトン駆動力を利用して ATP を合成する．
> 4 ATP 合成酵素が，直接 NADH + H^+ からプロトンを受け取り ATP 産生することを，酸化的リン酸化という．
> 5 $FADH_2$ は，NADH + H^+ と比較してモル当たりより多くの ATP を産生する．

キーワード 酸化的リン酸化，プロトン（H^+）駆動力，マトリクス，膜間腔，ATP シンターゼ，自由エネルギー変化

解説
1（×） 電子伝達に伴い H^+ が膜間腔に蓄積し，ATP 合成の原動力となる．
2（○）
3（×） 膜間腔側からマトリクスへ流れるプロトン（H^+）駆動力を利用して ATP を合成する．
4（×） NADH + H^+ や $FADH_2$ からの電子伝達と共役した ATP 産生を，酸化的リン酸化という．
5（×） 計算上 1 mol の $FADH_2$ から 1.5 mol，1 mol の NADH + H^+ からは 2.5 mol の ATP が，それぞれ生成される．

正解　2

4. 代 謝

到達目標　脂肪酸の β 酸化反応について説明できる．

・脂肪酸の β 酸化

問題 4.16　β 酸化に関する次の記述のうち，正しいものはどれか．
1　脂肪酸の β 酸化反応は，主に細胞質で行われる．
2　β 酸化により大量のアセチル CoA が供給されると，ピルビン酸デヒドロゲナーゼ活性は抑制される．
3　完全に酸化を受けた場合，グルコースとパルミチン酸とでは，グルコースのほうが多く ATP を産生する．
4　奇数鎖の脂肪酸は β 酸化を受けることができない．
5　脂肪酸の β 酸化反応には必ず ATP 産生が伴う．

キーワード　β 酸化，脂肪酸，パルミチン酸，ミトコンドリア，ペルオキシソーム，アセチル CoA，プロピオニル CoA

解説
1（×）　β 酸化反応は，主にミトコンドリアのマトリクスで行われる．これとは別にペルオキシソームでも行われる．
2（○）　ピルビン酸デヒドロゲナーゼ活性は，アセチル CoA で抑制される．
3（×）　グルコース 1 分子から 2 分子のアセチル CoA が産生するが，パルミチン酸 1 分子が β 酸化を完全に受けると 8 分子のアセチル CoA が産生する．
4（×）　奇数鎖の脂肪酸は最後にプロピオニル CoA を 1 分子産生し，これはスクシニル CoA へと代謝された後，クエン酸回路に導入される．
5（×）　ペルオキシソームで行う β 酸化はエネルギー産生を伴わない．

正解　2

・脂肪酸の活性化と酸化代謝

問題 4.17　β 酸化に関する次の記述のうち，正しいものはどれか．
1　アシル CoA はミトコンドリア外膜を透過できない．
2　細胞質の脂肪酸がミトコンドリア内で β 酸化を受けて代謝される際に，ATP は必要でない．
3　ミトコンドリアでの β 酸化によるエネルギー産生は，すべて酸化的リン酸化である．
4　アシル CoA のミトコンドリア内への輸送は，アシルカルニチンを介して行われる．
5　β 酸化は，脂肪酸酸化代謝の唯一の代謝経路である．

キーワード　脂肪酸の活性化，アシル CoA，カルニチン，アシルカルニチン，α 酸化，ω 酸化

解説
1（×）活性型脂肪酸であるアシル CoA は，ミトコンドリア内膜を通過することはできないが，外膜を通過することはできる．
2（×）細胞質の脂肪酸を活性化するには CoA-SH と ATP が必要である．
3（×）生成するアセチル CoA はクエン酸回路に入るので，酸化的リン酸化のみでなく基質レベルでのリン酸化も受ける．
4（○）細胞質で活性化された脂肪酸（アシル CoA）は，カルニチンと結合してミトコンドリア内膜を通過することができる．
5（×）β 酸化の他にも，α 酸化や ω 酸化がある．

正解　4

・β酸化反応

> **問題 4.18** β酸化に関する次の記述のうち，正しいものはどれか．
> 1 1分子のパルミチン酸（16：0）は，ミトコンドリアでのβ酸化で8分子のアセチル CoA を生成する．
> 2 β酸化で脂肪酸を代謝するには，$FADH_2$ と $NADH + H^+$ が必要である．
> 3 ミトコンドリアに取り込まれたパルミトイル CoA（16：0）は，8回のβ酸化を受ける．
> 4 β酸化は，炭素数が偶数個の脂肪酸に限られた代謝反応である．
> 5 脂肪酸が1回のβ酸化を受けると，炭素数が1個分短くなったアシル CoA が生成する．

キーワード パルミチン酸，パルミトイル CoA，$FADH_2$，$NADH + H^+$，アセチル CoA，プロピオニル CoA，スクシニル CoA

解説
1（○）
2（×） FAD と NAD^+ が必要である．
3（×） パルミトイル CoA（16：0）は7回のβ酸化を受け，8個のアセチル CoA を生成する．
4（×） 炭素数が奇数個の脂肪酸の場合は最後にプロピオニル CoA が残り，別の酵素系でスクシニル CoA へと代謝された後，クエン酸回路に入り代謝される．
5（×） 1回のβ酸化を受けると，炭素数が2個分短くなったアシル CoA とアセチル CoA が生成する．

正解　1

4.2 ATPの産生

到達目標 アセチル CoA のエネルギー代謝における役割を説明できる．

・アセチル CoA のエネルギー代謝における役割

問題 4.19 アセチル CoA に関する次の記述のうち，正しいものはどれか．
1　アセチル CoA カルボキシラーゼが作用するとクエン酸となる．
2　脂肪酸の分解により生じた過剰のアセチル CoA が，クエン酸回路により処理されなくなるとアシドーシスになる．
3　過剰量存在下，ピルビン酸カルボキシラーゼ活性を抑制する．
4　飽食状態時では，優先的にケトン体合成の原料となる．
5　クエン酸との縮合により，オキサロ酢酸に変換される．

キーワード アセチル CoA，マロニル CoA，アセチル CoA カルボキシラーゼ，ビオチン，ピルビン酸デヒドロゲナーゼ複合体，ピルビン酸カルボキシラーゼ，ケトン体，オキサロ酢酸，クエン酸

解説
1（×）　ビオチンを補酵素とするアセチル CoA カルボキシラーゼが，ATP のエネルギーを利用してアセチル CoA に CO_2 を付加し，マロニル CoA を産生する．
2（○）　オキサロ酢酸不足によりクエン酸回路で処理されなくなると，ケトン体を産生しアシドーシスに傾く．
3（×）　ピルビン酸カルボキシラーゼは，アセチル CoA 存在下で反応が進行する．
4（×）　飽食状態において，アセチル CoA は脂肪酸生合成に利用される．飢餓状態や糖尿病などにより糖の利用ができない時，糖新生およびケトン体合成が亢進する．
5（×）　アセチル CoA は，オキサロ酢酸と結合してクエン酸となる．

正解　2

・アセチル CoA の産生とその役割

問題 4.20 アセチル CoA に関する次の記述のうち，正しいものはどれか．
1. 糖質および脂質の代謝中間体であり，タンパク質代謝には関連しない．
2. ミトコンドリア膜を自由に通過することができる．
3. クエン酸回路に導入され，1回転で2分子の CO_2，3分子の $FADH_2$ および1分子の $NADH + H^+$ を生成する．
4. 細胞質において，ピルビン酸の酸化的脱炭酸反応により生成する．
5. 細胞質において，クエン酸の開裂反応により生成する．

キーワード クエン酸回路，ピルビン酸，アセチル CoA，酸化的脱炭酸反応，クエン酸

解説
1. (×) 糖質，脂質をはじめ，タンパク質由来アミノ酸の一部からもアセチル CoA が産生する．
2. (×) アセチル CoA はミトコンドリア内膜を通過できない．脂肪酸生合成に使われる際には，クエン酸を経て細胞質へ移行する．
3. (×) 1回転で2分子の CO_2，1分子の $FADH_2$ および3分子の $NADH + H^+$ を生成する．
4. (×) ピルビン酸としてミトコンドリア内に入り，マトリクスのピルビン酸デヒドロゲナーゼ複合体による酸化的脱炭酸反応により生成する．
5. (○) 細胞質へ移行したクエン酸は，クエン酸リアーゼの働きによりアセチル CoA とオキサロ酢酸に開裂する．

正解 5

・アセチル CoA の産生と代謝

問題 4.21 アセチル CoA に関する次の記述のうち，**誤っている**ものはどれか．
1 アセチル CoA から脂肪酸が生合成される．
2 アセチル CoA からコレステロールが生合成される．
3 アセチル CoA からケトン体が生合成される．
4 脂肪酸の β-酸化により生成する．
5 タンパク質がエネルギー源となる場合，すべてのアミノ酸からアセチル CoA が誘導される．

キーワード　アセチル CoA，脂肪酸合成，コレステロール合成，ケトン体合成，ケト原性アミノ酸，糖原性アミノ酸

解説　1（○）　脂肪酸は，アセチル CoA を原料として生合成される．
　　　2（○）　コレステロールは，アセチル CoA を原料として生合成される．
　　　3（○）　ケトン体は，アセチル CoA を原料として生合成される．
　　　4（○）　脂肪酸の β-酸化による主代謝物はアセチル CoA である．奇数鎖の脂肪酸は，アセチル CoA およびプロピオニル CoA に代謝される．
　　　5（×）　例えば，バリンは糖原性かつ分枝鎖アミノ酸であり，直接あるいはピルビン酸を経由しアセチル CoA を誘導することはない．

正解　5

4. 代謝

到達目標 エネルギー産生におけるミトコンドリアの役割を説明できる．

・ミトコンドリアの構造

> **問題 4.22** ミトコンドリアの構造に関する次の記述のうち，**誤っている**ものはどれか．
> 1 二重膜構造をもつ．
> 2 内膜に，クエン酸回路を構成する一連の酵素群をもつ．
> 3 ミトコンドリア固有のゲノムをもつ．
> 4 内膜の表面積を大きくするため，クリステと呼ばれるひだ構造をもつ．
> 5 マトリクスに，β酸化系を構成する一連の酵素群をもつ．

キーワード 二重膜構造，マトリクス，β酸化，クエン酸回路，クリステ

解説
1（○） 内膜，外膜の二重構造をもち，このうち内膜通過に関する物質選択性は厳密である．
2（×） クエン酸回路を構成する一連の酵素群の中で内膜に存在しているのはコハク酸デヒドロゲナーゼだけであり，その他はすべてマトリクスに局在する．
3（○） 核内に存在する遺伝子セットとしてのゲノムとは全く異なるミトコンドリア固有のゲノムをもつ．ミトコンドリアのゲノムは100パーセント母親由来である．
4（○）
5（○）

正解 2

4.2 ATPの産生

・ミトコンドリアの役割

> **問題 4.23** ミトコンドリアの役割に関する次の記述のうち，**誤っている**ものはどれか．
> 1 ピルビン酸からアセチル CoA への酸化的代謝
> 2 クエン酸回路によるアセチル CoA の代謝と $FADH_2$ および $NADH + H^+$ の生成
> 3 脂肪酸生合成のための $NADPH + H^+$ の生成
> 4 β 酸化による脂肪酸の代謝
> 5 電子伝達系による酸化的リン酸化

キーワード　ピルビン酸，アセチル CoA，クエン酸回路，$FADH_2$，$NADH + H^+$，酸化的リン酸化，電子伝達系，β 酸化

解　説
1（○）
2（○）
3（×）　脂肪酸生合成のための $NADPH + H^+$ は，細胞質でペントースリン酸回路またはリンゴ酸酵素の作用により生成する．
4（○）
5（○）

正解　3

・ミトコンドリアの役割

> **問題 4.24** ミトコンドリアの役割に関する次の記述のうち，**誤っている**ものはどれか．
> 1 ATPシンターゼの作用で ADP から ATP を合成する．
> 2 電子伝達系を構成しているシトクロム c を放出させて，アポトーシスを誘導する．
> 3 $NADH + H^+$，$FADH_2$ 由来の電子伝達を行い，マトリクス内のプロトン（H^+）濃度を高める．

4 NADH + H$^+$，FADH$_2$ 由来の電子と H$^+$ を呼吸で摂取した分子状酸素に渡し，水を生成する．
5 マトリクスで合成した ATP を細胞質側へ輸送する．

キーワード　ATP シンターゼ，電子伝達系，シトクロム c，アポトーシス，プロトン濃度勾配，分子状酸素，プロトンポンプ，ATP-ADP 交換輸送体

解説　1（○）膜間腔側に高濃度にくみ上げられたプロトンがマトリクス側に戻る際のエネルギーを利用して，ATP シンターゼが ADP から ATP を合成する．
2（○）シトクロム c の放出が，アポトーシス開始のきっかけであると言われている．
3（×）電子伝達に伴って複合体 I，III および IV がプロトンポンプとして働き，マトリクスのプロトンを膜間腔にくみ上げる．
4（○）伝達された電子とプロトン（水素原子）は，最終的に酸素と結合し水を生成する．
5（○）ミトコンドリア内で産生した ATP は細胞質に運ばれ，エネルギーとして利用される．これは，内膜を貫通して存在する ATP-ADP 交換輸送体を介して行われる．

正解　3

到達目標　ATP 産生阻害物質を列挙し，その阻害機構を説明できる．

・ATP 産生阻害物質の種類

問題 4.25　ATP 産生阻害機構として，誤っているものはどれか．
1 電子伝達系における電子の流れを阻害する．
2 電子伝達系において生成する活性酸素を消去する．
3 ミトコンドリアのマトリクス－膜間腔間でのプロトン（H$^+$）

濃度勾配を消失させる.
4 ミトコンドリア内膜に存在するATP-ADP交換輸送体機能を阻害する.
5 ATPシンターゼF_0サブユニットに作用して，プロトンのマトリクスへの流入を阻止する.

キーワード 電子伝達系，プロトン濃度勾配，ATP-ADP交換輸送体，ATPシンターゼF_0サブユニット，アミタール，CN^-，CO，2,4-ジニトロフェノール，アトラクチロシド，オリゴマイシンB

解説
1（○） 呼吸鎖阻害物質（アミタール，CN^-，COなど）
2（×） 電子伝達系の副産物である活性酸素は，老化の原因とも考えられている．活性酸素は除去されたほうが好ましく，ATP産生阻害と直接的な関与はない．
3（○） 脱共役物質（2,4-ジニトロフェノールなど）
4（○） 輸送体阻害物質（アトラクチロシドなど）
5（○） 酸化的リン酸化阻害物質（オリゴマイシンBなど）

※これらの他，基質レベルのリン酸化を阻害する物質も，ATP産生阻害物質ということができる.

正解　2

・電子伝達系阻害物質の阻害機構

問題 4.26 電子伝達系阻害物質に関する次の記述のうち，正しいものはどれか．
1 アミタール，ロテノンは，複合体Ⅰの機能を阻害する．
2 アジ化物，硫化水素は，複合体Ⅱの機能を阻害する．
3 CN^-や一酸化炭素は，複合体Ⅲの機能を阻害する．
4 アンチマイシンAは，複合体Ⅳの機能を阻害する．
5 マロン酸存在下では，電子伝達に伴うプロトン（H^+）勾配は

形成されない．

キーワード　アミタール，ロテノン，アジ化物，硫化水素，CN⁻，一酸化炭素，アンチマイシンA，マロン酸

解説　1（○）
　　　2（×）アジ化物，硫化水素は，複合体Ⅳの機能を阻害する．
　　　3（×）CN⁻や一酸化炭素は，複合体Ⅳの機能を阻害する．
　　　4（×）アンチマイシンAは，複合体Ⅲの機能を阻害する．
　　　5（×）マロン酸は複合体Ⅱの機能を阻害するが，$NADH + H^+$からの複合体Ⅰを介した電子伝達があるため，プロトン勾配は形成される．

（正解）　1

・ATP産生阻害物質と作用部位

問題4.27　次のATP産生阻害物質と作用部位との関係で，正しい組合せはどれか．
　　1　シアンイオン ──────── ATPシンターゼ阻害
　　2　アンチマイシンA ────── ATP-ADP交換輸送体機能抑制
　　3　オリゴマイシンB ────── 電子伝達系複合体Ⅱ機能阻害
　　4　一酸化炭素 ────────── 電子伝達系複合体Ⅳ機能阻害
　　5　マロン酸 ──────────── 電子伝達系複合体Ⅰ機能阻害

キーワード　ATPシンターゼ，ATP-ADP交換輸送体，電子伝達系複合体，CN⁻（シアンイオン），アンチマイシンA，オリゴマイシンB，一酸化炭素，マロン酸

解説　1（×）シアンイオンは，複合体Ⅳ機能（シトクロム $a \cdot a_3$ から酸素への電子伝達）を阻害する．

2（×）アンチマイシンAは，複合体Ⅲ機能（シトクロムbからシトクロムc_1への電子伝達）を阻害する．

3（×）オリゴマイシンBは，プロトン（H^+）のマトリクスへの流入を阻止し，ATPシンターゼによる酸化的リン酸化反応を抑制する．

4（○）

5（×）マロン酸は，複合体Ⅱ機能（コハク酸デヒドロゲナーゼからCoQへの電子伝達）を阻害する．

正解 4

到達目標 ペントースリン酸回路の生理的役割を説明できる．

・ペントースリン酸回路の生理的役割

問題4.28 ペントースリン酸回路の生理的役割に関する次の記述のうち，正しいものはどれか．
1 脂肪酸合成に必要なNADH + H^+の供給
2 ミトコンドリアにおけるATP産生
3 グリコーゲン合成のためのグルコース1-リン酸供給
4 RNA原料として，リボース5-リン酸の供給
5 DNA原料として，デオキシリボース5-リン酸の供給

キーワード ペントースリン酸回路，リボース5-リン酸，NADPH + H^+産生，グルコース6-リン酸

解説 1（×）脂肪酸生合成などに必要なNADPH + H^+を産生する．

2（×）ペントースリン酸回路は細胞質に局在し，ATP産生を伴わない．

3（×）グルコース1-リン酸はグルコース6-リン酸からホスホグルコムターゼの作用により生成し，ペントースリン酸回路

からではない．

4（○）

5（×）　DNA 原料であるデオキシリボヌクレオチドは，すべて対応するリボヌクレオチド二リン酸から合成される．したがって，デオキシリボース 5-リン酸の供給はない．

正解　4

・ペントースリン酸回路の生理的役割

> **問題 4.29**　ペントースリン酸回路に関する次の記述のうち，正しいものはどれか．
> 1　基質レベルのリン酸化により ATP を産生する．
> 2　細胞質およびミトコンドリアに局在する．
> 3　核酸分解に伴うペントースの代謝経路として重要である．
> 4　クエン酸回路で使用される NAD^+ を産生する．
> 5　グルコース 6-リン酸からの代謝物は，リボース 5-リン酸のみである．

キーワード　飽食時のグルコース代謝，細胞質，リボース 5-リン酸，ペントース代謝

解説
1（×）　飽食時（ATP 過剰時）のグルコース代謝経路としても機能し，解糖系と異なり ATP 産生は伴わない．
2（×）　細胞質のみに局在し，ミトコンドリアには存在しない．
3（○）　核酸合成に必要なリボース 5-リン酸の供給のみならず，核酸由来のペントース代謝にも寄与している．
4（×）　脂肪酸生合成などに必要な $NADPH + H^+$ を産生する．
5（×）　炭素数 3〜7 の種々の糖が生成する．

正解　3

4.2 ATPの産生

・ペントースリン酸回路の生理的役割

> **問題 4.30** ペントースリン酸回路に関する次の記述のうち，正しいものはどれか．
> 1　グリコーゲン代謝に特異的な経路である．
> 2　ペントース（五炭糖）に特異的な代謝経路である．
> 3　NADPH + H^+，CO_2 および核酸原料であるイノシン酸（IMP）を産生する．
> 4　飢餓時にはケトン体を生成する．
> 5　炭素数 3〜7 の糖を生成する．

キーワード　ペントースリン酸回路，解糖系のバイパス経路，グルコース 6-リン酸，NADPH + H^+

解説
1（×）グリコーゲンに限った代謝経路ではなく，解糖系のバイパス経路的な意味をもつ．
2（×）導入部はグルコース 6-リン酸（ヘキソース）であり，ペントースに特異的な代謝経路ではない．主な産物として，核酸合成に利用されるリボース 5-リン酸（ペントースリン酸）がある．
3（×）イノシン酸（プリンヌクレオチドの第一次産物）ではなくリボース 5-リン酸である．
4（×）ケトン体は，アセチル CoA を原料として合成される．
5（○）

正解　5

到達目標 アルコール発酵，乳酸発酵の生理的役割を説明できる．

・アルコール発酵

問題 4.31 酵母でのアルコール発酵に関する記述について，正しいものはどれか．
1 アルコール発酵は，好気的条件下での解糖系維持に重要である．
2 ピルビン酸からアセトアルデヒドへの変換は，不可逆的である．
3 中間生成物のアセトアルデヒドは，解糖系において利用される．
4 アセトアルデヒドの酸化により，エタノールが生成される．
5 1モルのグルコースから，3モルのエタノールが生成される．

キーワード アルコール発酵，解糖系，嫌気的条件，ピルビン酸，アセトアルデヒド，エタノール

解説
1（×）アルコール発酵は，嫌気的条件下において解糖を続けるために必要である．
2（○）ピルビン酸の脱炭酸反応（不可逆的）により，アセトアルデヒドが生成される．
3（×）アセトアルデヒドは，解糖系において利用されない．
4（×）アセトアルデヒドの還元により，エタノールが生成される．
5（×）アルコール発酵の反応は，次式で表される．

$$グルコース + 2\,ADP + 2\,P_i + 2\,H^+$$
$$\longrightarrow 2\,エタノール + 2\,ATP + 2\,CO_2 + 2\,H_2O$$

正解 2

・乳酸発酵

> **問題 4.32** 乳酸発酵に関する記述について，正しいものはどれか．
> 1 乳酸発酵とは，糖質及び脂質から乳酸を生成する現象をいう．
> 2 乳酸菌は，動物組織と同様に，好気的に乳酸を産生する．
> 3 乳酸菌は，ピルビン酸デカルボキシラーゼをもっていない．
> 4 乳酸菌は，乳酸デヒドロゲナーゼをもっていない．
> 5 乳酸発酵により生成されるのは乳酸のみである．

キーワード 乳酸，乳酸菌，ピルビン酸デカルボキシラーゼ，乳酸デヒドロゲナーゼ

解説
1（×）乳酸発酵とは，微生物が糖質を分解して乳酸を生成する現象をいう．
2（×）乳酸菌は，動物組織と同様に，嫌気的に乳酸を産生する．
3（○）
4（×）乳酸菌は乳酸デヒドロゲナーゼをもっており，その作用により乳酸が生成される．
5（×）乳酸菌による乳酸発酵には，ホモ乳酸発酵とヘテロ乳酸発酵がある．前者では生成物は乳酸のみであるが，後者では乳酸の他にエタノール，酢酸，グリセロール，CO_2 などが生成される．

正解 3

・アルコール発酵及び乳酸発酵の反応機構

> **問題 4.33** アルコール発酵及び乳酸発酵に関する記述について，正しいものはどれか．
> 1 ヒト筋肉組織において，ピルビン酸はエタノールに変換される．
> 2 ピルビン酸から乳酸の生成過程において，ATP が必要である．
> 3 アセトアルデヒドからエタノールの生成過程において，酸化

型ニコチンアミドアデニンジヌクレオチド（NAD$^+$）が必要である．
4　酵母における解糖系の連続的な進行のためには，NADHの再生が必要不可欠である．
5　乳酸発酵において，光学活性の異なる乳酸が生成される．

キーワード　ピルビン酸，エタノール，乳酸，アルデヒド，NADH，NAD$^+$，光学異性体

解説　1（×）　ヒト筋肉組織において，嫌気的条件下，ピルビン酸は乳酸に還元される．
2（×）　乳酸デヒドロゲナーゼの補酵素として働くのは，還元型ニコチンアミドアデニンジヌクレオチド（NADH）である．
3（×）　アルコールデヒドロゲナーゼの補酵素は，NADHである．
4（×）　NAD$^+$は，解糖系のグリセルアルデヒド3-リン酸デヒドロゲナーゼ（G3PDH）の補酵素である．アルコール発酵により再生されるNAD$^+$がG3PDHの補酵素として働き，解糖系が連続的に進行する．
5（○）　乳酸発酵で生成される乳酸は，D，L及びDL体である．筋肉で生成する乳酸はL体のみである．

正解　5

4.3 ◆ 飢餓状態と飽食状態

到達目標 グリコーゲンの役割について説明できる.

・グリコーゲン合成

> 問題 4.34 グリコーゲン及びその合成に関する記述について, 正しいものはどれか.
> 1 グリコーゲンの枝分かれ構造は, デンプンのそれよりも少ない.
> 2 グリコーゲン鎖の延長には, グルコースが直接利用される.
> 3 グリコーゲンは, ミトコンドリアにおいて合成される.
> 4 グリコーゲン合成には, プライマーが必要である.
> 5 ウリジン二リン酸 (UDP) グルコースがグリコーゲンの非還元末端 6 位の OH 基に連結することで, グリコーゲン鎖が伸長される.

キーワード グリコーゲン, グルコース 6-リン酸, UDP-グルコース, 肝臓, 筋肉, 細胞質, グリコゲニン, プライマー

解説
1 (×) グリコーゲンの枝分かれ構造は, デンプンのそれよりも多い. したがって, 非還元末端の数が多く, より効率的にグルコース供給が行われる.
2 (×) グリコーゲン合成において, グルコース 6-リン酸がグルコース 1-リン酸に変換され, さらに UTP と反応して UDP グルコースとなる. この UDP グルコースがグリコーゲン鎖の延長に利用される.
3 (×) グリコーゲンは, 細胞質において合成される.
4 (○) 通常は, グリコーゲン自身がプライマーとしての役割を担うが, 最初から合成する場合にはグリコゲニンというタン

パク質がプライマーとして働く．

5（×）　ウリジン二リン酸（UDP）グルコースは，すでにあるグリコーゲンの非還元末端の4位のOH基に$\alpha 1\rightarrow 4$結合で連結される．

正解　4

・グリコーゲン分解

問題4.35　グリコーゲンの分解に関する記述について，正しいものはどれか．
1　グリコーゲン鎖の非還元末端にある$\alpha 1\rightarrow 4$結合の分解は，ATP非要求性反応である．
2　グリコーゲンの分解反応は，その合成反応の逆向きである．
3　グリコーゲンの分解により，グルコース6-リン酸が直接生成される．
4　グリコーゲンの分解により，$\alpha 1\rightarrow 6$結合した2分子のグルコースが生成される．
5　筋肉でのグリコーゲン分解は，十分な血糖を供給することができる．

キーワード　グリコーゲン，加リン酸分解，グルコース，グルコース1-リン酸，グルコース6-リン酸，$\alpha 1\rightarrow 4$結合，$\alpha 1\rightarrow 6$結合，筋肉，血糖

解説　1（○）これは，グリコーゲンホスホリラーゼによる加リン酸分解のことであり，ATPを消費しない反応である．
2（×）グリコーゲン分解は，その合成反応とは異なる酵素により触媒される．
3（×）加リン酸分解により，グルコース1-リン酸が生成される．
4（×）グリコーゲンの分枝部分では，4グルコース残基手前で加リン酸分解が停止し，次に脱分枝酵素により3グルコース残基が非還元末端に移される．残りの1グルコースは酵素

的にグルコースとして遊離し，α1→4結合のグリコーゲン鎖は，次の分枝点近くまで同様に加リン酸分解される．

5（×）　グリコーゲン分解により生成したグルコース1-リン酸は，グルコース6-リン酸に変換後，グルコース6-ホスファターゼによりグルコースとなる．筋肉にはこの酵素が存在しないので，グルコース6-リン酸は解糖系を経てエネルギー産生に利用される．

正解　1

・グリコーゲン代謝調節

問題 4.36　グリコーゲン代謝調節に関する記述について，正しいものはどれか．
1　インスリンは，グリコーゲンの分解を促進する．
2　グルカゴンは，グリコーゲン合成を促進する．
3　アドレナリンによるグリコーゲン分解促進は，プロテインキナーゼC依存的である．
4　エネルギーが充足している場合，グリコーゲンホスホリラーゼはATPにより阻害される．
5　エネルギーが充足している場合，グリコーゲンシンターゼはグルコース6-リン酸により阻害される．

キーワード　インスリン，グルカゴン，アドレナリン，グリコーゲン合成，グリコーゲン分解，グリコーゲンホスホリラーゼ，グリコーゲンシンターゼ，グルコース6-リン酸，ATP，プロテインキナーゼA

解説　1（×）　インスリンはグリコーゲンの分解を抑制し，かつその合成を促進することで血糖を低下させる．
2（×）　グルカゴン（肝）及びアドレナリン（肝，筋）は，グリコーゲンの合成を抑制し，かつその分解を促進する．
3（×）　アドレナリンやグルカゴンは，それぞれの細胞膜受容体か

らGTP結合タンパク質を介してcAMPの上昇に起因したプロテインキナーゼAの活性化を惹起する.
4 (○)
5 (×) エネルギーの充足は,グルコース供給が十分行われているということ.したがって,グルコース6-リン酸の増加はむしろグリコーゲン合成を促進する,すなわちグリコーゲンシンターゼを活性化する.

正解　4

到達目標 糖新生について説明できる.

・糖新生

問題 4.37 糖新生に関する記述について,正しいものはどれか.
1 糖新生は,主に筋肉で行われる.
2 乳酸は,糖新生に利用される.
3 グルコース6-リン酸からグルコースの生成には,ATPが必要である.
4 糖新生は,解糖系の逆反応で起こる.
5 出発材料のピルビン酸は,細胞質においてオキサロ酢酸に変換される.

キーワード　糖新生,肝臓,腎臓,筋肉,乳酸,アミノ酸,ピルビン酸,オキサロ酢酸

解説　1 (×) 糖新生は主に肝臓で行われ,一部は腎臓でも行われる.
2 (○) 筋肉で生成した乳酸は,血流を介して肝臓に運ばれ,肝臓でグルコースに再変換後,再び筋肉で利用される(Cori回路).
3 (×) グルコース6-リン酸からグルコースの生成は,グルコー

ス 6-ホスファターゼによる脱リン酸化反応であり，ATP を必要としない．解糖系でのグルコースからグルコース 6-リン酸の生成において ATP が消費される．

4（×）糖新生は単なる解糖系の逆反応ではない．解糖系と糖新生系とでは 3 か所で異なるが，その 1 つとして，糖新生では迂回経路を介してピルビン酸からホスホエノールピルビン酸が合成される．

5（×）オキサロ酢酸は直接ミトコンドリア内膜を通過できないので，ピルビン酸がミトコンドリアに運ばれてからオキサロ酢酸に変換される．

正解　2

・糖新生

問題 4.38　ピルビン酸からの糖新生過程において，ミトコンドリア内から細胞質側へ移行できる物質はどれか．
1　アセチル CoA
2　2-オキソグルタル酸
3　オキサロ酢酸
4　ピルビン酸
5　リンゴ酸

キーワード　ホスホエノールピルビン酸合成，ピルビン酸，オキサロ酢酸，リンゴ酸，ミトコンドリア，細胞質

解説　1（×）糖新生におけるホスホエノールピルビン酸（PEP）の生成機構（迂回経路）：① ピルビン酸は，細胞質からミトコンドリアへ移動し，ピルビン酸カルボキシラーゼの作用によりオキサロ酢酸となる．② オキサロ酢酸は，ミトコンドリア内膜を通過できないため，リンゴ酸に変換される．③ リンゴ酸は，細胞質に移動し，再びオキサロ酢酸に変換さ

れる．④ オキサロ酢酸は，PEP カルボキシラーゼの作用により PEP となる．

2 (×)
3 (×)
4 (×)
5 (○)

[正解] 5

・糖新生の調節

問題 4.39　糖新生の調節に関する記述について，正しいものはどれか．
1　ピルビン酸の炭酸固定反応には，ピリドキサールリン酸が補酵素として働く．
2　生体内における AMP 量の増加は，糖新生を促進する．
3　生体内におけるアセチル CoA 量の増加は，糖新生を阻害する．
4　グルコース 6-ホスファターゼは，肝臓，筋肉及び脳に存在する．
5　2 モルのピルビン酸から 1 モルのグルコースを得るためには，6 モルの ATP（4 ATP + 2 GTP）と 2 モルの NADH が必要である．

キーワード　ピルビン酸カルボキシラーゼ，グルコース 6-ホスファターゼ，ビオチン，ATP，AMP，GTP，NADH，アセチル CoA

解説
1 (×)　補酵素として働くのは，ビオチンである．
2 (×)　AMP 量の増加は，エネルギー低下を意味する．したがって，生体反応は解糖系＞糖新生となる．また，糖新生の律速酵素であるフルクトース 1,6-ビスホスファターゼは，AMP によりアロステリック阻害される．
3 (×)　アセチル CoA 量の増加は，エネルギー充足を意味する．したがって，生体反応は糖新生＞解糖系となる．また，糖

新生の律速酵素であるピルビン酸カルボキシラーゼは，アセチル CoA によりアロステリック活性化される．
4（×） グルコース 6-ホスファターゼは，筋肉や脳には存在しない．したがって，両組織は血糖の供給には関与しない．
5（○） ① ピルビン酸からオキサロ酢酸，及びホスホエノールピルビン酸（PEP）からグリセルアルデヒド 3-リン酸の生成段階において，各 1 モルの ATP が消費される．② オキサロ酢酸から PEP への変換において，1 モルの GTP が消費される．③ ミトコンドリアでのオキサロ酢酸からリンゴ酸への変換において，1 モルの NADH（＋H$^+$）が消費される．

正解　5

到達目標　飢餓状態のエネルギー代謝（ケトン体の利用など）について説明できる．

・飢餓状態や糖尿病におけるエネルギー産生

問題 4.40　飢餓状態や糖尿病におけるエネルギー産生に関する記述について，正しいものはどれか．
1　解糖系の亢進により，アセチル CoA の産生が増加する．
2　肝臓は，タンパク質分解により生成したアラニンを糖新生材料として骨格筋に供給する．
3　クエン酸回路におけるオキサロ酢酸量は増加する．
4　代謝されない過剰のアセチル CoA からケトン体が生成される．
5　糖尿病患者では，血中ケトン体量が低下している．

キーワード　飢餓状態，糖尿病，ケトン体，肝臓，解糖系，β 酸化，クエン酸回路，アセチル CoA，オキサロ酢酸

解説　1（×）　飢餓状態では脂肪酸のβ酸化によりアセチルCoAの産生が増加する．
2（×）　糖新生に関与する臓器は，肝臓と腎臓である．骨格筋で生成したアラニンは，糖新生材料として肝臓に供給される．
3（×）　飢餓時（血糖低下状態）では，グルコースの産生すなわち糖新生が亢進しており，オキサロ酢酸が糖新生に利用される．クエン酸回路へのオキサロ酢酸の供給が減少するため，β酸化により生成したアセチルCoAは，クエン酸回路において代謝されない．
4（○）　アセト酢酸，3-ヒドロキシ酪酸（β-ヒドロキシ酪酸），アセトンを総称してケトン体と呼ぶ．
5（×）　糖尿病では，グルコースの利用低下によりケトン体生成が亢進しており，血中ケトン体量が増加している．糖尿病患者では，特有のアセトン臭が呼気中に検出される．

正解　4

・ケトン体とその役割

問題4.41　飢餓状態に生成されるケトン体に関する記述について，正しいものはどれか．
1　エネルギー源となるケトン体は，クエン酸回路の中間体でもある．
2　ケトン体の合成に関わる酵素群は，肝臓の細胞質に存在する．
3　肝臓において，ケトン体はアセチルCoAに変換後，糖新生によりグルコースとなる．
4　血中ケトン体量の増加は，アシドーシスを引き起こす．
5　筋肉に輸送されたアセト酢酸は，スクシニルCoAと反応してオキサロ酢酸となる．

キーワード　ケトン体，肝臓，アセチルCoA，アシドーシス，アセト酢酸，スクシニルCoA

解説
1 （×） アセト酢酸，3-ヒドロキシ酪酸（β-ヒドロキシ酪酸）及びアセトンを総称してケトン体と呼び，これらはクエン酸中間体ではない．
2 （×） ケトン体合成に関わる酵素（チオラーゼ，3-ヒドロキシ-3-メチルグルタリル CoA シンターゼ（HMG-CoA シンターゼ），HMG-CoA リアーゼ）は，肝臓のミトコンドリアに存在する．
3 （×） 肝臓はケトン体生成の場であるが，それを代謝する酵素をもたない．したがって，ケトン体は肝臓から他の組織（脳，筋肉など）に血流を介して輸送され，輸送先においてエネルギー産生に利用される．
4 （○） 血中ケトン体が増加した状態をケトン血症と呼び，アシドーシスを生じる．
5 （×） 肝外組織では，アセト酢酸は，スクシニル CoA と反応してアセトアセチル CoA となる．また，3-ヒドロキシ酪酸はアセト酢酸に変換され，同様に代謝される．

正解　4

・飢餓状態におけるエネルギー源

問題 4.42 飢餓状態でのエネルギー産生において，肝臓から脳へ供給される物質として，正しいものはどれか．
1　アセト酢酸と 3-ヒドロキシ酪酸
2　アセチル CoA とアセト酢酸
3　オキサロ酢酸とアセチル CoA
4　アセト酢酸とオキサロ酢酸
5　アセチル CoA と 3-ヒドロキシ酪酸

キーワード　アセト酢酸，3-ヒドロキシ酪酸，アセチル CoA，オキサロ酢酸

解説
1 （○） 飢餓状態での肝臓では，他組織（器官）のエネルギー源と

してケトン体（アセト酢酸，3-ヒドロキシ酪酸（β-ヒドロキシ酪酸），アセトン）を生成する．肝臓からアセト酢酸及び3-ヒドロキシ酪酸が他組織に輸送され，エネルギー源として利用される．

2（×）
3（×）
4（×）
5（×）

正解　1

到達目標　余剰のエネルギーを蓄えるしくみを説明できる．

・余剰エネルギーの蓄積

問題4.43　生体エネルギーの蓄積に関する記述について，正しいものはどれか．
1　哺乳動物において蓄えられる最も多いエネルギー源は，グリコーゲンである．
2　糖質からトリアシルグリセロールへの変換は，肝臓と筋肉で行われる．
3　肝臓で合成されたトリアシルグリセロールは，超低密度リポタンパク質（VLDL）の形で脂肪組織に運ばれる．
4　飽食状態での食餌由来トリアシルグリセロールは，高密度リポタンパク質（HDL）の形で肝臓に運ばれる．
5　脂肪細胞は，その細胞数を増加させることでトリアシルグリセロールを蓄積する．

キーワード　グリコーゲン，トリアシルグリセロール，肝臓，脂肪組織，超低密度リポタンパク質（VLDL），キロミクロン，脂肪細胞

4.3　飢餓状態と飽食状態　*165*

解　説　1（×）　脂肪組織に蓄えられるトリアシルグリセロールは体重の5〜25％を占め，そのエネルギー産生量が単位質量当たり糖質よりも大きい．
2（×）　糖質からトリアシルグリセロールへの変換は，脂肪組織と肝臓で行われる．
3（○）
4（×）　飽食状態での食餌由来トリアシルグリセロールは，キロミクロンの形で脂肪組織に運ばれ，蓄積される．
5（×）　脂肪細胞は，細胞数を増加させることなく細胞を肥大させることで，細胞内にトリアシルグリセロールを蓄積する．

正解　3

・組織（器官）と貯蔵エネルギー

問題 4.44　組織（器官）と主なエネルギー貯蔵物質との対応について，正しいものはどれか．

	組織（器官）	主な貯蔵物質
1	肝臓	トリアシルグリセロール
2	脳	アミノ酸
3	筋肉	グリコーゲン
4	表皮	トリアシルグリセロール
5	脂肪組織	グリコーゲン

キーワード　肝臓，脳，筋肉，血液，脂肪組織，トリアシルグリセロール，グリコーゲン，アミノ酸

解　説　1（×）　肝臓は，エネルギーとしてグリコーゲンを貯蔵する．
2（×）　脳にはエネルギー貯蔵庫がなく，継続的にグルコースの供給が必要である．
3（○）
4（×）　表皮などの末梢組織（器官）は，主に肝臓からエネルギー

源（グルコース）の供給を受ける．
5（×）脂肪組織のトリアシルグリセロールは，巨大なエネルギー貯蔵物質である．

正解　3

・脂肪組織でのエネルギー貯蔵

問題4.45　脂肪組織におけるエネルギー貯蔵に関する記述について，正しいものはどれか．
1　脂肪組織におけるエネルギー貯蔵体は，主に遊離脂肪酸である．
2　脂肪細胞は，トリアシルグリセロール合成のためにグルコースを必要とする．
3　過剰に摂取したグルコースは，脂肪として蓄えることはできない．
4　主な脂肪貯蔵細胞は，褐色脂肪細胞である．
5　脂肪組織に運ばれたトリアシルグリセロールは，直接脂肪細胞に取り込まれる．

キーワード　脂肪組織（細胞），遊離脂肪酸，トリアシルグリセロール，グルコース，脂肪，褐色脂肪細胞

解説　1（×）脂肪組織のエネルギー貯蔵体は，トリアシルグリセロール（TG）である．
2（○）脂肪細胞は，TG合成に必要なグリセロール3-リン酸をグリセロールから合成できない．したがって，グリセロール3-リン酸は解糖系から供給される．
3（×）過剰に摂取したグルコースやピルビン酸，アセチルCoA，乳酸などの代謝中間体は，脂肪に転換してエネルギー源として貯蔵される．
4（×）脂肪貯蔵細胞は，白色脂肪細胞である．褐色脂肪細胞は，脂質代謝による発熱反応によって体温調節に寄与する．

5（×）　キロミクロンやVLDLにより脂肪組織に運ばれたTGは，リポタンパク質リパーゼの作用により遊離脂肪酸となり，脂肪細胞に取り込まれた後に再度TGに合成される．

正解　2

到達目標　食餌性の血糖変動について説明できる．

・糖類と血糖

> 問題4.46　血糖調節に関わる糖類として，**誤っている**ものはどれか．
> 1　デンプン
> 2　スクロース
> 3　セルロース
> 4　グリコーゲン
> 5　ラクトース

キーワード　デンプン，スクロース，セルロース，グリコーゲン，ラクトース

解説
1（○）　デンプンの分解生成物は，マルトースとグルコースである．
2（○）　スクロースの分解生成物は，グルコースとフルクトースである．
3（×）　植物の構造多糖であるセルロースは，ヒトでは消化されないためエネルギー源として利用されない．
4（○）　グリコーゲンの分解生成物は，グルコースである．
5（○）　ラクトースの分解生成物は，グルコースとガラクトースである．

正解　3

4. 代謝

・グルコースの輸送，取り込み，貯蔵

問題 4.47 正常人における食後の血糖に関する記述について，正しいものはどれか．
1. 食餌由来のグルコースは，小腸からリンパ管を経て肝臓に送られる．
2. 血糖値が高い状態において，肝臓はグルコースを取り込むことはできない．
3. 脳や心筋には，グルコースの取り込みに関わる膜タンパク質が存在する．
4. 増加した血糖値が食後約2時間で通常レベルに減少するのは，主に脂肪として貯蔵されたためである．
5. 血糖値の上昇とともに，グルカゴンの血中濃度が増加する．

キーワード 血糖，グルコース，小腸，肝臓，脳，心筋，膜タンパク質，グルカゴン

解説
1（×）小腸粘膜から吸収されたグルコースは，門脈を通って肝臓へ移行する．
2（×）肝臓のグルコキナーゼはグルコースに対して高い K_m 値（親和性が低い）を示すことから，高濃度のグルコース存在下においてもグルコースを代謝することができる．
3（○）グルコーストランスポーター（GLUT）がグルコースの取り込みに関与する．脳では GLUT1 や GLUT3，肝臓では GLUT2，心筋では GLUT4 が知られている．
4（×）食後，増加した血糖値が低下するのは，グルコースが主にエネルギー源として利用されたか，グリコーゲンに変化したためと考えられる．
5（×）血糖値の上昇とともに血中濃度が増加するのは，インスリンである．

正解 3

4.3 飢餓状態と飽食状態

・グルコース負荷試験と病態

問題 4.48 グルコース負荷試験の結果に関する記述について，**誤っているもの**はどれか．
1 糖尿病患者では，一般に高血糖状態が長時間持続する．
2 健常人では，一般にグルコース負荷による血糖値上昇の程度は低く，短時間のうちに初期値に戻る．
3 副腎皮質機能が亢進した患者では，糖尿病患者と類似した結果が得られることがある．
4 糖尿病患者へのインスリン投与により，血糖値が正常値よりも低値になることはない．
5 脳下垂体機能不全の患者では，血糖値が正常値よりも低値になることがある．

キーワード　グルコース負荷，血糖，インスリン，副腎皮質，脳下垂体

解説
1（○）糖尿病患者では，グルコース負荷後，2時間以内に血糖値が最初の値に戻らない．
2（○）
3（○）副腎皮質ホルモン（糖質コルチコイド）はインスリン作用に拮抗する．したがって，グルコース負荷が低下する．
4（×）インスリン投与患者では，血糖値が正常値よりも低下（低血糖）する危険性がある．
5（○）脳下垂体ホルモンはインスリンに拮抗するので，脳下垂体の機能不全では，グルコース負荷が上昇する（低血糖）．

正解　4

4. 代謝

到達目標 インスリンとグルカゴンの役割を説明できる．

・インスリン及びグルカゴンの構造と機能

> **問題 4.49** インスリン及びグルカゴンに関する記述について，正しいものはどれか．
> 1 インスリンは，単鎖ペプチドからなるホルモンである．
> 2 グルカゴンは，ジスルフィド結合により連結したA鎖とB鎖からなる．
> 3 インスリンは，グリコーゲン合成を促進する．
> 4 グルカゴンは，グリコーゲン分解を抑制する．
> 5 グルカゴンの標的器官（組織）は筋肉である．

キーワード インスリン，グルカゴン，グリコーゲン合成，グリコーゲン分解，標的器官（組織）

解説
1（×） グルカゴンは，29アミノ酸の単鎖ペプチドからなる．
2（×） インスリンは，ジスルフィド結合により連結したA鎖（21アミノ酸）とB鎖（30アミノ酸）からなる．
3（○）
4（×） グルカゴンは，グリコーゲン分解を促進する．
5（×） 肝臓が，グルカゴンの標的器官である．

正解 3

・インスリンとグルカゴンによる血糖調節

> **問題 4.50** 血糖のホルモン調節に関する記述について，正しいものはどれか．
> 1 血糖値の上昇は，膵臓A（α）細胞からのインスリン分泌を促進する．

2 血糖値の上昇は，膵臓 B（β）細胞からのグルカゴン分泌を抑制する．
3 インスリンは，脂肪組織でのグルコースの取り込みを抑制する．
4 絶食状態において，グルカゴンは骨格筋からの遊離アミノ酸を利用した糖新生を促進する．
5 ソマトスタチンは，インスリン及びグルカゴンの分泌を促進する．

キーワード 血糖，インスリン，グルカゴン，膵臓 A（α）細胞，膵臓 B（β）細胞，糖新生

解説
1（×） インスリンは，膵臓 B（β）細胞から産生される．
2（×） グルカゴンは，膵臓 A（α）細胞から産生される．
3（×） インスリンは，脂肪組織でのグルコースの取り込みを促進する．
4（○）
5（×） 膵臓 D（δ）細胞から分泌されるソマトスタチンは，インスリン及びグルカゴンの分泌抑制因子として作用する．

正解　4

・グルカゴンによる脂肪分解調節

問題 4.51 グルカゴンによる脂質代謝調節に関する記述について，**誤っているもの**はどれか．
1 グルカゴンは，トリアシルグリセロールの分解を促進する．
2 グルカゴン刺激により増加した血中遊離脂肪酸は，脳細胞の主要エネルギー源として利用される．
3 グルカゴンは，細胞膜受容体を介して作用する．
4 グルカゴンの作用は，プロテインキナーゼ A 依存的に発現する．
5 グルカゴンによるホルモン感受性リパーゼのリン酸化は，その酵素の活性化を引き起こす．

172　4. 代 謝

キーワード　グルカゴン，トリアシルグリセロール分解，遊離脂肪酸，細胞膜受容体，プロテインキナーゼ A，ホルモン感受性リパーゼ，リン酸化

解　説
1 （○）
2 （×）　脳細胞や赤血球は，遊離脂肪酸ではなくグルコースをエネルギー源として利用する．
3 （○）　グルカゴン受容体は，GTP 結合タンパク質を介してアデニル酸シクラーゼを活性化し，細胞内 cAMP を増加させる．増加した cAMP がプロテインキナーゼ A を活性化することで，細胞内シグナルが伝達される．
4 （○）
5 （○）

正解　2

到達目標　糖から脂肪酸への合成経路を説明できる．

・糖代謝及び脂肪酸合成

問題 4.52　脂肪酸合成に関する記述について，正しいものはどれか．
1　糖を過剰に摂取するとアセチル CoA が増加し，結果として脂肪酸合成が促進される．
2　哺乳動物において，脂肪酸はグルコースに変換される．
3　アセチル CoA が細胞質に供給されると，ミトコンドリア内のオキサロ酢酸量が減少する．
4　ピルビン酸からアセチル CoA の生成と脂肪酸合成は，ミトコンドリアで行われる．
5　グルコース 6-リン酸の酸化的経路において生成される NADH + H^+ は，脂肪酸合成に利用される．

キーワード　アセチル CoA，ピルビン酸，脂肪酸合成，解糖系，ミトコンドリア，

4.3 飢餓状態と飽食状態　173

グルコース 6-リン酸，NADPH + H$^+$

解説　1（○）
2（×）　脂肪酸からグルコースは生成されない．
3（×）　アセチル CoA が細胞質へ供給されると，同時に生成するオキサロ酢酸（クエン酸→アセチル CoA ＋オキサロ酢酸）が，リンゴ酸を経由してピルビン酸となる．このピルビン酸がミトコンドリアへ戻り，ピルビン酸→オキサロ酢酸となるので，クエン酸回路のオキサロ酢酸量は変化しない．
4（×）　ピルビン酸からアセチル CoA の生成はミトコンドリア，脂肪酸合成は細胞質で行われる．
5（×）　グルコース 6-リン酸の酸化的経路（ペントースリン酸回路）において生成されるのは，NADPH + H$^+$ である．

正解　1

・トリカルボン酸輸送経路

問題 4.53　脂肪酸合成の出発材料がミトコンドリア膜を通過する際に変換される分子として，正しいものはどれか．
1　リンゴ酸
2　ピルビン酸
3　フマル酸
4　クエン酸
5　オキサロ酢酸

キーワード　解糖系，脂肪酸合成，ピルビン酸，アセチル CoA，クエン酸，オキサロ酢酸，リンゴ酸，ミトコンドリア膜，細胞質

解説　1（×）　ミトコンドリアにおいて，解糖系由来のピルビン酸はアセチル CoA に変換されるが，アセチル CoA 自身はミトコンドリア膜を通過することができない．そこで，アセチル

174　4. 代　謝

CoA は，一旦クエン酸回路中間体のクエン酸に変換され，トリカルボン酸輸送体を通って細胞質に移行し，再びアセチル CoA となって脂肪酸合成に利用される．一方，オキサロ酢酸は，リンゴ酸，ピルビン酸に変換されてミトコンドリアへ移行する．

2（×）
3（×）
4（○）
5（×）

正解　4

・糖から脂肪酸への変換制御

問題 4.54　糖代謝及び脂肪酸合成に関する記述について，正しいものはどれか．
1　解糖系中間体のジヒドロキシアセトンリン酸は，脂肪酸合成に利用される．
2　細胞質のクエン酸は，アセチル CoA からマロニル CoA への反応を促進する．
3　アドレナリンは，アセチル CoA カルボキシラーゼのリン酸化促進によりその酵素活性を増強する．
4　ペントースリン酸回路により生成するリブロース 5-リン酸は，脂肪酸合成をフィードバック阻害する．
5　脂肪酸合成に必要な NADPH + H^+ は，全てペントースリン酸回路において産生される．

キーワード　ミトコンドリア，クエン酸，アセチル CoA，アドレナリン，アセチル CoA カルボキシラーゼ，ペントースリン酸回路，ジヒドロキシアセトンリン酸

解　説　1（×）　ジヒドロキシアセトンリン酸は，グリセロリン脂質合成の

出発材料であるグリセロール 3-リン酸の生成に利用される（筋肉）．

2（○）

3（×）アドレナリンは，アセチル CoA カルボキシラーゼのリン酸化促進によりその酵素活性を阻害する．

4（×）リブロース 5-リン酸は脂肪酸合成を阻害することはない．逆に，脂肪酸合成の結果生成するパルミトイル CoA は，ペントースリン酸回路を阻害することで脂肪酸合成に必要な NAPDH + H$^+$ の生成を抑制する．

5（×）脂肪酸合成に必要な NADPH + H$^+$ は，その 60 % がペントースリン酸回路から，残りは細胞質でのリンゴ酸からピルビン酸への変換時に産生される．

正解　2

到達目標　ケト原性アミノ酸と糖原性アミノ酸について説明できる．

・ケト原性アミノ酸と糖原性アミノ酸

問題 4.55　グルコースに変換しうるアミノ酸について，誤っているものはどれか．
1　ロイシン
2　アラニン
3　イソロイシン
4　トリプトファン
5　バリン

キーワード　糖原性アミノ酸，糖原性・ケト原性アミノ酸，ロイシン，アラニン，イソロイシン，トリプトファン，バリン

解説　1（×）ロイシンは，ケト原性アミノ酸である．

2（○）アラニンは，糖原性アミノ酸である．
3（○）イソロイシンは，糖原性・ケト原性アミノ酸である．
4（○）トリプトファンは，糖原性・ケト原性アミノ酸である．
5（○）バリンは，糖原性アミノ酸である．

正解　1

・アミノ酸と糖新生

問題4.56　アミノ酸代謝と糖新生に関する記述について，正しいものはどれか．
1　アミノ酸は，肝臓でのグルコース生成に利用されない．
2　筋肉はグルコースを生成できる．
3　絶食時の糖新生原料となるアミノ酸は，主に尿細管より再吸収される．
4　筋肉において生成したアラニンは，肝臓に送られる．
5　赤血球は，血中アミノ酸をエネルギー源として利用する．

キーワード　アラニン，メチオニン，ロイシン，グルタミン酸，アスパラギン酸，脂質合成，糖新生，ケトン体合成

解説
1（×）糖原性アミノ酸は，糖新生に利用される．
2（×）筋肉はグルコース6-ホスファターゼをもっていないのでグルコースを合成できない．
3（×）絶食時において，筋肉より供給されるアミノ酸（アラニンやグルタミン）が糖新生に利用される．
4（○）肝臓に送られたアラニンはピルビン酸に戻り，グルコースに変換され，再び筋肉に戻る（グルコース-アラニン回路）．
5（×）赤血球はクエン酸回路をもたない（ミトコンドリアがない）ので，解糖系によるATP産生に依存する．したがって，グルコースしかエネルギー源として利用できない．

正解　4

4.3 飢餓状態と飽食状態

・ケト原性アミノ酸と糖原性アミノ酸の代謝

> **問題 4.57** アミノ酸の異化に関する記述について，正しいものはどれか．
> 1 アラニンは，アセチル CoA に変換されて，脂質合成に利用される．
> 2 メチオニンは，スクシニル CoA に変換されて，糖新生に利用される．
> 3 ロイシンは，ピルビン酸に変換されて，ケトン体合成に利用される．
> 4 グルタミン酸は，α-ケトグルタル酸に変換されて，ケトン体合成に利用される．
> 5 アスパラギン酸は，スクシニル CoA に変換されて，糖新生に利用される．

キーワード アラニン，メチオニン，ロイシン，グルタミン酸，アスパラギン酸，アセチル CoA，スクシニル CoA，ピルビン酸，ケトン体，α-ケトグルタル酸，糖新生

解説
1（×）アラニンは糖原性アミノ酸なので，ピルビン酸に変換後，糖新生に利用される．
2（○）
3（×）ロイシンは，アセチル CoA に変換後，ケトン体合成に利用される．
4（×）グルタミン酸は，α-ケトグルタル酸に変換後，糖新生に利用される．
5（×）アスパラギン酸は，オキサロ酢酸に変換後，糖新生に利用される．

正解 2

5 生理活性物質とシグナル分子

5.1 ◆ ホルモン

到達目標 代表的なペプチド性ホルモンをあげ，その産生臓器，生理作用および分泌調節機構を説明できる．

・ペプチドホルモンの生理作用

問題 5.1 ペプチドホルモンに関する次の記述のうち，正しいものはどれか．
1 ガストリンは，乳汁の産生と分泌を促す．
2 カルシトニンは，血中カルシウム濃度を低下させる．
3 バソプレッシンは，脳下垂体前葉から分泌される．
4 グルカゴンは，グリコーゲンと中性脂肪の分解を抑制する．
5 副腎皮質刺激ホルモン（ACTH）は，アドレナリンの産生と分泌を促す．

キーワード ペプチドホルモン，産生臓器，生理作用，バソプレッシン，カルシトニン，グルカゴン，糖代謝，ガストリン，ACTH

解説 1（×）プロラクチンは，下垂体前葉から分泌されて乳汁産生と乳汁分泌を促す．
2（○）カルシトニンは，甲状腺傍ろ胞細胞から分泌されて骨吸収を抑制する．
3（×）脳下垂体後葉から分泌されるペプチドホルモンは，バソプ

レッシンとオキシトシンである．
- 4（×）　グルカゴンは，肝グリコーゲンの分解，脂肪細胞でのトリアシルグリセロールの分解を促進する．
- 5（×）　ACTH は，副腎皮質ホルモン，主に糖質コルチコイドの産生と分泌を促す．

正解　2

・ペプチドホルモンの産生臓器と役割

問題5.2　ホルモンに関する次の記述のうち，正しいものはどれか．
1. バソプレッシンは，視床下部で産生され，抗利尿作用を示す．
2. エストラジオールは，アミノ酸9個からなるペプチドホルモンである．
3. 甲状腺刺激ホルモン放出ホルモン（TRH）は，下垂体前葉から分泌される．
4. オキシトシンは，視床下部から分泌されて基礎代謝を亢進する．
5. インスリンは，膵臓 α 細胞から分泌されて血糖低下作用を示す．

キーワード　ペプチドホルモン，産生臓器，生理作用，バソプレッシン，甲状腺刺激ホルモン放出ホルモン，オキシトシン，インスリン，視床下部，脳下垂体前葉，脳下垂体後葉

解説
- 1（○）　バソプレッシンは，抗利尿ホルモンである．
- 2（×）　エストラジオールはステロイドホルモンであり，女性に二次性徴を発現させる．
- 3（×）　TRH を含む刺激ホルモンの多くは視床下部から分泌される．
- 4（×）　オキシトシンは，乳汁射出作用と子宮収縮作用をもつ．
- 5（×）　インスリンは，膵臓 β 細胞から分泌されるペプチドホルモンである．

正解　1

・ペプチドホルモンの分泌と作用機序

問題 5.3　ホルモンに関する次の記述のうち，正しいものはどれか．
1　トリヨードチロニンは，3つのアミノ酸からなる．
2　パラトルモンは，ステロイドホルモンの分泌を調節する．
3　インスリンは，核内受容体と結合して転写を調節する．
4　グルカゴンは，アドレナリン受容体に結合する．
5　高濃度のステロイドホルモンにより，副腎皮質刺激ホルモンの分泌が低下する．

キーワード　ペプチドホルモン，産生臓器，生理作用，受容体，分泌調節，インスリン，グルカゴン

解説
1（×）トリヨードチロニンは，チログロブリン由来のアミノ酸誘導体ホルモンである．
2（×）パラトルモンは，腎や骨に作用して血中カルシウム濃度の調節を行う．
3（×）インスリンは，細胞膜インスリン受容体と結合して作用を発現する．
4（×）グルカゴンは，グルカゴン受容体に結合する．
5（○）副腎皮質ホルモンが過剰分泌された場合，CRHやACTHはネガティブフィードバックを受ける．

正解　5

◆ 確認問題 ◆

次の文の正誤を判別し，○×で答えよ．
□□□　1　インスリンは，血糖値を低下させる．
□□□　2　卵胞刺激ホルモン（FSH）は，副腎皮質ホルモンの分泌を促す．
□□□　3　ソマトスタチンは，胃幽門前底部から分泌される．
□□□　4　成長ホルモンは，ペプチドホルモンである．

□□□ 5　レプチンは，胃酸分泌を促す．

正解と解説

1（○）
2（×）　FSH は，卵胞成熟や精子形成を促進する．
3（×）　ソマトスタチンは，膵臓から分泌される．
4（○）
5（×）　レプチンは，視床下部に作用して食欲を低下させ，エネルギー消費を亢進する．

到達目標　代表的なアミノ酸誘導体ホルモンをあげ，その構造，産生臓器，生理作用および分泌調節機構を説明できる．

・アミノ酸誘導体ホルモンの構造

問題 5.4　アドレナリン（エピネフリン）の構造式はどれか．

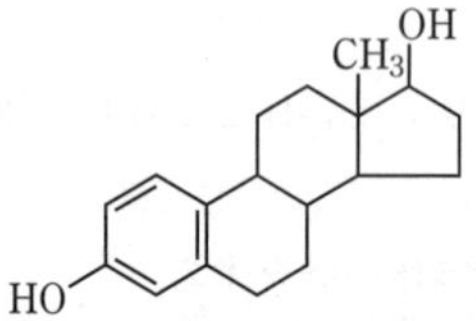

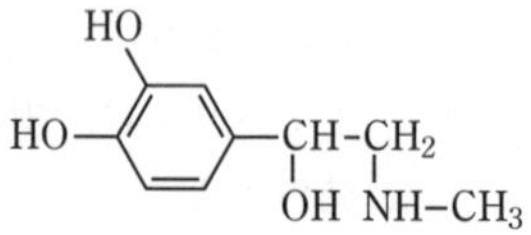

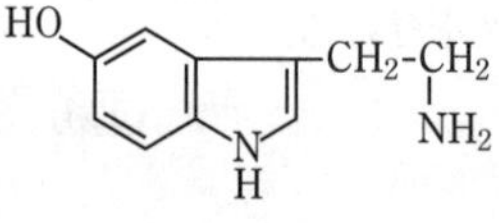

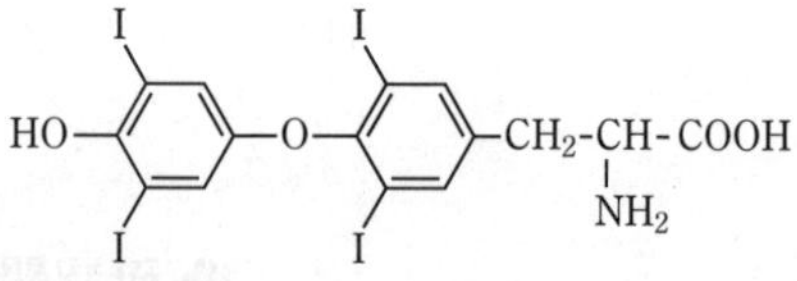

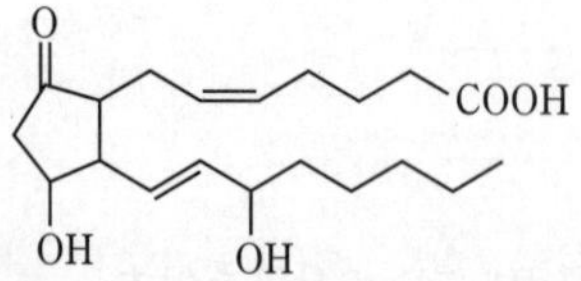

| キーワード | アミノ酸誘導体ホルモン,構造式,アミノ酸,アドレナリン,チロキシン |

| 解説 | 1 (×) 卵胞から分泌されるステロイドホルモン,エストラジオールである.
2 (○) アドレナリンやノルアドレナリンは,チロシン由来のホルモンである.
3 (×) トリプトファン由来の生理活性アミン,セロトニンである.
4 (×) チロキシンでありチログロブリンに由来し生合成され,基礎代謝亢進作用をもつ.
5 (×) アラキドン酸由来のエイコサノイド PGE_2 である.

正解 2

・アミノ酸誘導体ホルモンの生合成と生理作用

問題 5.5　甲状腺ホルモンに関する次の記述のうち,正しいものはどれか.
1　トリヨードチロニン (T_3) は,甲状腺ホルモンの分泌を促進する.
2　甲状腺ホルモンであるチロキシン (T_4) は,核内受容体との結合を介して作用を発現する.
3　T_4 は,ろ胞上皮細胞においてトリプトファンから合成される.
4　T_3 は,基礎代謝を亢進して血糖値を低下させる.
5　血中において,T_4 の多くは遊離型として存在する.

| キーワード | 甲状腺ホルモン,チロキシン,トリヨードチロニン,産生臓器,生理作用,生合成,核内受容体,ろ胞上皮細胞 |

| 解説 | 1 (×) T_3 は甲状腺ホルモンであり,脳下垂体前葉から分泌される甲状腺刺激ホルモン (TSH) が T_4 と T_3 の分泌を促進する.
2 (○) T_4 と T_3 は,核内受容体を介して基礎代謝に関与する遺伝

子の転写を促進する．
- 3（×） 甲状腺ホルモンは，チログロブリンのチロシン残基のヨウ素化体を前駆体として生成する．
- 4（×） T_4 と T_3 は，小腸での糖質吸収の促進や交感神経の賦活化により血糖値を上昇させる．
- 5（×） T_4 は血中において，ほとんどがグロブリンやアルブミンと結合して存在し，わずか1％がホルモン作用を発揮する遊離型として存在する．

正解　2

・ホルモンの生理作用

問題 5.6 ホルモンと生理作用の組合せとして，正しいものはどれか．
1　グルカゴン ――― 血圧上昇
2　オキシトシン ――― 血中カルシウム濃度増加
3　パラトルモン ――― 基礎代謝亢進
4　アドレナリン ――― 血糖上昇
5　テストステロン ――― 尿細管での Na^+ 再吸収

キーワード　アミノ酸誘導体ホルモン，アドレナリン，生理作用

解説
- 1（×） グルカゴンは，血糖値を上昇させるペプチドホルモンである．
- 2（×） オキシトシンは，子宮収縮や射乳作用を示すペプチドホルモンである．
- 3（×） パラトルモンは，副甲状腺から分泌され血中 Ca^{2+} 濃度を上昇させるペプチドホルモンである．
- 4（○） アドレナリンは，副腎髄質から分泌され心機能亢進作用や血糖値上昇作用を示すアミノ酸誘導体ホルモンである．
- 5（×） テストステロンは，タンパク質同化作用，男子二次性徴の発現，精子形成を促すステロイドホルモンである．

正解　4

◆ 確認問題 ◆

次の文の正誤を判別し，○×で答えよ．
- □□□ 1　チロキシンは，構成成分としてヨウ素を含む．
- □□□ 2　T_4のホルモン活性は，T_3のホルモン活性に比べて強い．
- □□□ 3　メラトニン合成は，夜間に促進される．
- □□□ 4　メラトニンは，チロシンから合成される松果体ホルモンである．
- □□□ 5　アドレナリンは，副腎髄質から分泌される．

正解と解説
1（○）
2（×）　ホルモン活性は，T_4よりT_3の方が高い．
3（○）
4（×）　メラトニンは，トリプトファンからセロトニンを経て合成される．
5（○）

到達目標　代表的なステロイドホルモンをあげ，その構造，産生臓器，生理作用および分泌調節機構を説明できる．

・ステロイドホルモンと産生臓器

問題 5.7　副腎皮質から分泌されるホルモンはどれか．
1　エストラジオール
2　プレドニゾロン
3　アドレナリン
4　プロゲステロン
5　コルチゾール

キーワード　ステロイドホルモン，産生臓器，エストラジオール，プレドニゾロン，プロゲステロン，コルチゾール

解説
1（×）エストラジオールは，卵胞から分泌されて女子二次性徴発現に関与する．
2（×）プレドニゾロンは，合成グルココルチコイドである．
3（×）アドレナリンは，副腎髄質から分泌されるアミノ酸誘導体である．
4（×）プロゲステロンは，黄体から分泌され子宮に作用して月経周期を調節する．
5（○）副腎皮質から分泌されるコルチゾールは，肝臓で糖新生を促進し，末梢組織でのグルコースの取込みを抑制して，血糖値を上昇させる．

正解　5

・ステロイドホルモンの分泌調節と生理作用

問題5.8　ホルモンに関する次の記述のうち，正しいものはどれか．
1　コルチゾールは，肝臓での糖新生を抑制する．
2　エストラジオールは，黄体形成ホルモン（LH）により合成が促される．
3　アルドステロンは，脳下垂体前葉から分泌される．
4　テストステロンの視床下部からの分泌は，血中アンギオテンシンⅡ濃度の上昇により増加する．
5　プロゲステロンは，乳汁分泌を促進する．

キーワード　ステロイドホルモン，産生臓器，生理作用

解説
1（×）副腎皮質から分泌されるコルチゾールは，肝臓で糖新生を促進し，末梢組織でのグルコースの取込みを抑制して，血糖値を上昇させる．

2（○） エストラジオールはステロイドホルモンであり，脳下垂体前葉から分泌される黄体形成ホルモン（LH）と卵胞刺激ホルモン（FSH）により合成が促される．
3（×） アルドステロンは，副腎皮質の球状層から分泌されるステロイドホルモンである．
4（×） テストステロンは，精巣から分泌される．
5（×） プロゲステロンは，子宮の発育を促進し，受精卵を着床しやすい状態とする．

[正解] 2

・ステロイドホルモンの生理作用

問題5.9 ホルモンに関する次の記述のうち，正しいものはどれか．
1 プロゲステロンは，子宮筋のオキシトシンに対する感受性を低下させる．
2 アルドステロンは，遠位尿細管でのNa^+再吸収を抑制する．
3 エストラジオールは，乳腺の発育を抑制する．
4 テストステロンは，タンパク質の異化反応を促進する．
5 コルチゾールは，副腎皮質刺激ホルモン（ACTH）の分泌を促進する．

キーワード 生理作用，プロゲステロン，アルドステロン，エストロゲン，テストステロン，コルチゾール

解説 1（○） プロゲステロンのこの作用は流産を防止し，エストロゲンは子宮筋に対するオキシトシンの感受性を増大させる．
2（×） アルドステロンは，遠位尿細管でのNa^+再吸収を促進する．
3（×） エストラジオールは，子宮や乳腺の発育を促進する．
4（×） テストステロンは，精巣から分泌され，タンパク質同化作用をもつ．
5（×） 血中コルチゾール濃度の増加は，脳下垂体前葉からの

ACTH の分泌を抑制する．

正解　1

◆ 確認問題 ◆

次の文の正誤を判別し，○×で答えよ．
□□□　1　ステロイドホルモンは，コレステロールから合成される．
□□□　2　プロゲステロンは，プレグネノロンの前駆体である．
□□□　3　テストステロンは，精子形成を促進する．
□□□　4　糖質コルチコイドは，抗炎症作用を示す．
□□□　5　メラトニンは，ステロイドホルモンの一種である．

正解と解説

1（○）
2（×）　プレグネノロンは，プロゲステロン，テストステロン，エストロゲンの前駆体である．
3（○）
4（○）
5（×）　メラトニンは，アミノ酸誘導体ホルモンである．

到達目標　代表的なホルモン異常による疾患をあげ，その病態を説明できる．

・ホルモン異常による疾患と病態

問題5.10　ホルモンの異常が関係する疾患についての記述のうち，正しいものはどれか．
1　グルカゴンの分泌低下により，高血糖となる．
2　チロキシンの過剰分泌は，粘液水腫を引き起こす．
3　糖質コルチコイドの低下により，副腎クリーゼとなる．
4　成長ホルモンの分泌低下は，尿崩症を引き起こす．
5　慢性甲状腺炎である橋本病の主な症状に眼球突出がある．

キーワード　ホルモン異常，原因，症状，グルカゴン，チロキシン，成長ホルモン，橋本病，尿崩症，ホルモン分泌障害

解説　1（×）グルカゴンは，グリコーゲンを分解して血糖値を上昇させるペプチドホルモンである．
2（×）甲状腺機能低下により，T_4とT_3が低下すると基礎代謝低下，低体温，食欲低下，粘液水腫などの症状が現れる．
3（○）アジソン病は副腎皮質機能低下による疾患であり，ストレスが加わるとショック症状である副腎クリーゼに陥る．
4（×）尿崩症の発症に関与するホルモンはバソプレッシンである．
5（×）びまん性甲状腺腫，眼球突出，頻脈はバセドウ病の三大主徴であり，甲状腺機能亢進症で見られる．

正解　3

・ホルモン異常と疾患

問題 5.11　疾患とホルモン異常の組合せとして正しいものはどれか．
1　バセドウ病 ──── コルチゾール過剰分泌
2　高血圧 ──── インスリン過剰分泌
3　糖尿病 ──── グルカゴン分泌障害
4　末端肥大症 ──── 成長ホルモン過剰分泌
5　クッシング症候群 ── チロキシン分泌障害

キーワード　生理作用，ホルモン過剰症

解説　1（×）バセドウ病は，甲状腺ホルモンの過剰分泌で発症する．
2（×）インスリンの過剰分泌により低血糖が起こる．
3（×）糖尿病は，インスリンの作用不足により起こる．
4（○）成長ホルモンが長期間，過剰分泌されると，末端肥大症となる．
5（×）クッシング症候群は，ACTH過剰分泌によって発症する．

[正解] 4

・ホルモン過剰症

> **問題 5.12** 糖質コルチコイドの過剰分泌により発症する疾患はどれか.
> 1 花粉症
> 2 バセドウ病
> 3 アジソン病
> 4 クッシング症候群
> 5 痛風

キーワード　ホルモン疾患, バセドウ病, アジソン病, クッシング症候群, 過剰症

解説
1 (×) 花粉症は, 免疫疾患のⅠ型アレルギーである.
2 (×) 甲状腺ホルモン T_4, T_3 の過剰分泌によりバセドウ病の症状が現れる.
3 (×) アジソン病は, 糖質コルチコイド分泌低下が関与する疾患であり, 低血糖, 高カリウム血症, 低ナトリウム血症などが見られる.
4 (○) 糖質コルチコイドの過剰分泌は, クッシング症候群を発症させ, 中心性肥満や満月様顔貌などが現れる.
5 (×) 痛風は代謝異常症であり, 発症の一つの原因は, 血中尿酸濃度の上昇である.

[正解] 4

◆ 確認問題 ◆

次の文の正誤を判別し, ○×で答えよ.
□□□ 1 副腎皮質刺激ホルモン（ACTH）は, グルココルチコイドの分泌を抑制する.

☐☐☐ 2　パラトルモン（PTH）の過剰分泌は，血中カルシウム濃度を低下させる．
☐☐☐ 3　鉱質コルチコイドの過剰分泌は，高血圧症状を引き起こす．
☐☐☐ 4　インスリンの絶対量不足は，ケトアシドーシスを起こして昏睡状態に陥りやすい．

正解と解説

1（×）　ACTHは，副腎皮質から主にグルココルチコイドの分泌を促進する．
2（×）　PTHは，骨吸収を促進して血中カルシウム濃度を上昇させる．
3（○）
4（○）

5.2 ◆ オータコイドなど

到達目標　エイコサノイドとはどのようなものか説明できる．

・エイコサノイドの特徴

> **問題5.13**　エイコサノイドについての記述のうち，正しいものはどれか．
> 1　本体は，2～100個のアミノ酸からなるペプチドである．
> 2　複合リン脂質である．
> 3　生理活性をもつ脂質に分類される．
> 4　生体内では合成されない．
> 5　複合多糖類に分類される．

キーワード　エイコサノイド，生理活性脂質，生体内物質

解説
1（×）　アラキドン酸などの炭素数20の不飽和脂肪酸由来の脂質である．
2（×）　C，H，Oの3つの元素から成る．
3（○）　エイコサノイドは，生体の機能維持，発痛，分娩誘発，炎

症促進，血液凝固など多彩な生理作用をもつ．
4（×）炭素数20の高度不飽和脂肪酸に由来し，生体内で合成される．
5（×）エイコサノイドは脂質に分類される．

正解 3

・エイコサノイドの種類

問題5.14 エイコサノイドはどれか．
1 ヒスタミン
2 オキシトシン
3 セロトニン
4 ロイコトリエン
5 ブラジキニン

キーワード エイコサノイド，アラキドン酸，ロイコトリエン，プロスタグランジン，トロンボキサン

解説
1（×）ヒスタミンは，ヒスチジン由来の生理活性アミンである．
2（×）オキシトシンは，ペプチドホルモンである．
3（×）セロトニンは，トリプトファン由来の生理活性アミンである．
4（○）ロイコトリエンは，エイコサポリエン酸由来のエイコサノイドであり，白血球遊走能などをもつ．
5（×）ブラジキニンは，生理活性ペプチドである．

正解 4

・エイコサノイドの前駆体

> **問題 5.15** ホスホリパーゼ A_2 により遊離するエイコサノイドの前駆体はどれか．
> 1　リノール酸
> 2　α-リノレン酸
> 3　γ-リノレン酸
> 4　アラキドン酸
> 5　ドコサヘキサエン酸

キーワード　エイコサノイド，アラキドン酸，生合成，高度不飽和脂肪酸，炭素数 20

解説　エイコサノイドは，炭素数 20 の遊離高度不飽和脂肪酸，主にアラキドン酸に由来する生理活性脂質であり，プロスタグランジン類，トロンボキサン類，ロイコトリエン類などに分けられる．アラキドン酸は，主に細胞膜の構成成分であるリン脂質に由来し，ホスホリパーゼ A_2 の作用により遊離アラキドン酸となる．このことが，エイコサノイド生合成の第一段階である．

正解　4

◆ 確認問題 ◆

次の文の正誤を判別し，○×で答えよ．
□□□　1　エイコサノイドは，産生した細胞自身や近接した細胞に局所的に作用する．
□□□　2　エイコサノイドは，炎症に関与する酵素である．
□□□　3　エイコサノイドは，コレステロール由来の生理活性脂質である．
□□□　4　エイコサノイドは，受容体を介して生理作用を発現する．
□□□　5　アンギオテンシン類は，エイコサノイドに分類される．

正解と解説

1 (○)
2 (×) エイコサノイドは，炎症の成立に関与し，生理活性脂質に分類される．
3 (×) エイコサノイドは，主にアラキドン酸に由来し，コレステロールからは生合成されない．
4 (○)
5 (×) アンギオテンシン類は，生理活性ペプチドであり，エイコサノイドではない．

到達目標　代表的なエイコサノイドをあげ，その生合成経路を説明できる．

・プロスタグランジンの生合成経路

問題 5.16　プロスタグランジンの合成に関与する酵素はどれか．
1　トロンボキサン（TX）シンターゼ
2　スーパーオキシドジスムターゼ（SOD）
3　シクロオキシゲナーゼ
4　一酸化窒素（NO）シンターゼ
5　アデニル酸シクラーゼ

キーワード　アラキドン酸，プロスタグランジン，生合成，TX シンターゼ

解説
1 (×) TX シンターゼは，プロスタグランジン H_2 から TXA_2 の合成に関与する．
2 (×) SOD は，活性酸素であるスーパーオキシドを消去する．
3 (○) シクロオキシゲナーゼは，アラキドン酸からプロスタグランジン類の生成に関与する．
4 (×) 一酸化窒素（NO）シンターゼは，アルギニンからの NO 合成反応を触媒する．
5 (×) アデニル酸シクラーゼは，ATP から cAMP を生合成する．

正解　3

5.2 オータコイドなど

・トロンボキサンの生合成経路

問題 5.17　トロンボキサン（TX）合成に関与する化合物はどれか．
1　ロイコトリエン B_4（LTB_4）
2　プロスタグランジン H_2（PGH_2）
3　ヒスタミン
4　アセチル CoA
5　コレステロール

キーワード　トロンボキサン類，ロイコトリエン類，アラキドン酸，プロスタグランジン類，生合成経路

解説　1（×）　LTB_4 を含むロイコトリエン類は，トロンボキサン類の前駆体ではない．
2（○）　PGH_2 に TX 合成酵素が作用すると TXA_2 が生成する．
3（×）　ヒスタミンは，アミノ酸誘導体であり TX の前駆体ではない．
4（×）　アセチル CoA は，多くの脂質の前駆体であるが，アラキドン酸や TX の合成には関与しない．
5（×）　コレステロールは，ステロイドホルモンの前駆体であるが，TX の前駆体ではない．

正解　2

・プロスタグランジンの生合成経路とその阻害物質

問題 5.18　シクロオキシゲナーゼの阻害物質はどれか．
1　ワルファリン
2　ジアシルグリセロール
3　青酸ナトリウム
4　コルチゾール

5　アスピリン

キーワード　アラキドン酸，プロスタグランジン，生合成，シクロオキシゲナーゼ，阻害剤

解説
1（×）ワルファリンは，ビタミンK依存性血液凝固因子プロトロンビン類の合成阻害剤である．
2（×）ジアシルグリセロールは，プロテインキナーゼCを活性化させる．
3（×）青酸ナトリウムは，シトクロム c オキシダーゼを阻害する．
4（×）コルチゾールは，炎症に関与するタンパク質合成を抑制して抗炎症作用を示す．
5（○）アスピリンやインドメタシンなどの非ステロイド性抗炎症薬は，シクロオキシゲナーゼの阻害作用を持ち，PG類とTX類の合成を阻害する．

正解　5

◆ **確認問題** ◆

次の文の正誤を判別し，○×で答えよ．
□□□　1　PG類の合成に，5-リポキシゲナーゼが関与する．
□□□　2　シクロオキシゲナーゼ（COX）-1は，常時存在する構成酵素である．
□□□　3　アラキドン酸からTX類の合成経路に，COXが含まれる．
□□□　4　レニンは，すべてのエイコサノイドの生合成に関与する．

正解と解説
1（×）5-リポキシゲナーゼは，ロイコトリエンの合成に関与する．
2（○）
3（○）

4（×）　レニンは，アンギオテンシノーゲンからアンギオテンシンⅠの生成に関与する．

到達目標　代表的なエイコサノイドをあげ，その生理的意義（生理活性）を説明できる．

・エイコサノイドの生理活性

問題5.19　白血球遊走作用を持ち，好中球やマクロファージを活性化するエイコサノイドはどれか．
1　プロスタグランジン E_2（PGE_2）
2　アラキドン酸（ARA）
3　トロンボキサン A_2（TXA_2）
4　ロイコトリエン B_4（LTB_4）
5　アナフィラトキシン

キーワード　エイコサノイド，生理作用，免疫細胞，プロスタグランジン E_2，ロイコトリエン B_4，白血球遊走，炎症

解説　1（×）　PGE_2 は，血管透過性の亢進や痛みの感作により炎症に関与する．
2（×）　アラキドン酸は，エイコサノイドの前駆物質であり，直接白血球遊走作用はない．
3（×）　TXA_2 は，血小板でつくられ，血小板を凝集して血管を収縮させる．
4（○）　LTB_4 は，免疫系細胞を活性化するが，過剰分泌により炎症の悪化などを引き起こす．
5（×）　アナフィラトキシンは，ヒスタミン遊離作用をもつ活性化補体 C3a や C5a などの血清タンパク質である．

正解　4

・エイコサノイドの生理的役割

> **問題 5.20** 血小板凝集促進作用をもつエイコサノイドはどれか.
> 1 プロスタサイクリン（PGI_2）
> 2 エイコサペンタエン酸（EPA）
> 3 トロンボキサン A_2（TXA_2）
> 4 プロスタグランジン E_2（PGE_2）
> 5 ロイコトリエン D_4（LTD_4）

キーワード エイコサノイド，生理作用，トロンボキサン A_2，プロスタサイクリン，ロイコトリエン D_4

解説
1（×） PGI_2 は，血小板凝集阻害作用をもつ．
2（×） 青魚に含まれるエイコサノイド前駆体．
3（○） TXA_2 は，アラキドン酸から PGH_2 を経て合成されるエイコサノイドであり，強い血小板凝集作用をもつ．
4（×） PGE_2 は，腸管平滑筋収縮，血管平滑筋弛緩作用をもつ．PGE_2 は，強い子宮筋収縮作用をもつ．
5（×） LTD_4 や LTC_4 は，血管透過性亢進や気管支収縮作用をもつ．

正解　3

・エイコサノイドの生理的役割

> **問題 5.21** プロスタグランジン E_2（PGE_2）の主な生理作用はどれか．
> 1 白血球遊走
> 2 血小板凝集
> 3 腸管平滑筋弛緩
> 4 子宮筋収縮
> 5 気管支収縮

5.2 オータコイドなど 199

キーワード　エイコサノイド，プロスタグランジン E_2，生理作用

解説　1（×）　LTB_4 は，白血球遊走作用をもつ．
　　　2（×）　TXA_2 は，血小板凝集促進，血管収縮作用をもつ．
　　　3（×）　PGE_2 は，腸管平滑筋収縮，血管平滑筋弛緩作用をもつ．
　　　4（○）　PGE_2 は，強い子宮筋収縮作用をもつ．
　　　5（×）　LTD_4 や LTC_4 は，気道収縮，気管支平滑筋収縮作用をもつ．

正解　4

◆ 確認問題 ◆

次の文の正誤を判別し，○×で答えよ．
□□□　1　エイコサノイドの生理活性は，細胞膜受容体を介して発現する．
□□□　2　TXA_2 は，生体内の多くの組織でつくられる．
□□□　3　PGE_2 は，胃粘膜保護作用がある．
□□□　4　LTD_4 と LTC_4 は，アナフィラキシーの遅反応性物質（SRS-A）の本体である．
□□□　5　PGE_2 は，赤血球でのみつくられる．

正解と解説

1（○）
2（×）　TXA_2 は，血小板で合成される．
3（○）
4（○）
5（×）　PGE_2 は，生体内のほとんど全ての臓器や組織でつくられる．

5. 生理活性物質とシグナル分子

到達目標 主な生理活性アミン（セロトニン，ヒスタミンなど）の生合成と役割について説明できる．

・生理活性アミンの生合成

問題 5.22 トリプトファンを前駆体として生合成される生理活性アミンはどれか．
1　アドレナリン
2　セロトニン
3　チロキシン
4　ノルアドレナリン
5　ヒスタミン

キーワード　生理活性アミン，生理作用，アミノ酸，トリプトファン，セロトニン，ヒスタミン

解説
1（×）アドレナリンは，チロシンから合成される副腎髄質ホルモンであり神経伝達物質である．
2（○）セロトニンは，トリプトファンを原材料として合成される生理活性アミンである．
3（×）チロキシンは，チログロブリンのチロシン残基から生合成される甲状腺ホルモンである．
4（×）ノルアドレナリンは，チロシンから合成される副腎髄質ホルモンであり神経伝達物質である．
5（×）ヒスタミンは，ヒスチジンから合成される生理活性アミンである．

正解　2

・生理活性アミンの生合成

問題 5.23　ヒスタミン合成に関与する酵素はどれか.
　　1　シクロオキシゲナーゼ
　　2　芳香族 L-アミノ酸デカルボキシラーゼ
　　3　モノアミンオキシダーゼ
　　4　フェニルエタノールアミン N-メチルトランスフェラーゼ
　　5　ヒスチジンデカルボキシラーゼ

キーワード　生理活性アミン，ヒスタミン，アミノ酸，L-ヒスチジンデカルボキシラーゼ，芳香族 L-アミノ酸デカルボキシラーゼ

解説
1（×）　シクロオキシゲナーゼは，PG 類合成に関与する.
2（×）　セロトニンは，L-5-ヒドロキシトリプトファンから芳香族 L-アミノ酸デカルボキシラーゼの作用で生成する.
3（×）　モノアミンオキシダーゼ（MAO）は，主にカテコールアミンの脱アミノ化反応に関与する.
4（×）　フェニルエタノールアミン N-メチルトランスフェラーゼは，ノルアドレナリンからアドレナリンへの合成反応を触媒する.
5（○）　ヒスタミンは，ヒスチジンの脱炭酸反応で生成し，この反応はヒスチジンデカルボキシラーゼにより触媒される.

正解　5

・生理活性アミンの役割

問題 5.24　胃酸分泌作用をもつ生理活性アミンはどれか.
　　1　セロトニン
　　2　ヒスタミン
　　3　ガストリン
　　4　セクレチン

5 アドレナリン

キーワード 生理活性アミン，生理作用，アミノ酸，胃酸分泌作用，セロトニン，ヒスタミン

解説
1（×） セロトニンは，平滑筋収縮，血小板凝集，腸管運動促進作用をもつ．
2（○） ヒスタミンは，平滑筋収縮，血管透過性亢進，胃酸分泌作用をもつ生理活性アミンである．
3（×） ガストリンは，胃幽門G細胞から分泌され胃酸分泌促進作用をもつペプチドホルモンであり，生理活性アミンではない．
4（×） セクレチンは，十二指腸S細胞から分泌され，胃液分泌抑制，膵液分泌促進作用をもつペプチドホルモンである．
5（×） アドレナリンは，血糖値上昇作用などをもつ副腎髄質ホルモンであり神経伝達物質である．

正解　2

◆ 確認問題 ◆

次の文の正誤を判別し，○×で答えよ．
□□□ 1 ヒスタミンは，細胞膜受容体を介して作用を発現する．
□□□ 2 脳内に存在するセロトニンは，神経伝達物質として機能する．
□□□ 3 ヒスタミンは，血漿中で生合成される．
□□□ 4 セロトニンは，受容体を介さないで生理作用を発現する．

正解と解説
1（○）
2（○）
3（×） ヒスタミンは，肥満細胞や好塩基球に多く含まれ，脱顆粒により細胞外へ放出される．

4（×）　セロトニン受容体は，Gタンパク質共役型やイオンチャネル型として16種類のサブタイプがある．

到達目標　主な生理活性ペプチド（アンギオテンシン，ブラジキニンなど）の役割について説明できる．

・生理活性ペプチドの役割

問題 5.25　アンギオテンシンⅡについての記述のうち，正しいものはどれか．
1　シクロオキシゲナーゼの作用で，アンギオテンシノーゲンから生成する．
2　アンギオテンシンⅠのリン酸化反応により生成するペプチドである．
3　アルドステロンの合成と分泌を調節する．
4　知覚神経末端を刺激して，疼痛を引き起こす．
5　脳内に存在して神経伝達物質として作用する．

キーワード　活性ペプチド，アンギオテンシン，生理作用，アミノ酸

解説
1（×）　アンギオテンシンⅡはアンギオテンシンⅠにアンギオテンシン変換酵素（ACE）の作用により生成する．
2（×）　アンギオテンシンⅠからC末端側のHis-Leuが遊離して生成する．
3（○）　副腎皮質に作用して，アルドステロンの分泌を介して血中Na^+濃度を調節する．
4（×）　記述は，ブラジキニンの生理作用である．
5（×）　記述は，生理活性アミンセロトニンなどの生理作用である．

正解　3

・生理活性ペプチドの生合成と生理的役割

> **問題5.26** レニン-アンギオテンシン-アルドステロン系について，正しいものはどれか．
> 1 レニンは，アンギオテンシノーゲンを基質とする．
> 2 アンギオテンシンIは，糖質コルチコイドの分泌を強く促進する．
> 3 アルドステロンは，生理活性ペプチドである．
> 4 アンギオテンシノーゲンは，末梢血管の平滑筋に直接作用して血圧を低下させる．
> 5 アンギオテンシンIIは，不活性型タンパク質キニノーゲンから生成する．

キーワード 活性ペプチド，レニン，アンギオテンシノーゲン，アンギオテンシンI，アンギオテンシンII，アルドステロン，血圧調節

解説
1（○） レニンは，アンギオテンシノーゲンをアンギオテンシンIに変換する酵素である．
2（×） アンギオテンシンIの生理活性は非常に弱く，アンギオテンシンIIがアルドステロンの分泌を促す．
3（×） アルドステロンは，ステロイドホルモンである．
4（×） アンギオテンシンIIは，末梢血管の平滑筋に対して直接作用し，収縮させるため血圧が上昇する．
5（×） キニノーゲンは，生理活性ペプチドのブラジキニンの前駆体である．

正解 1

・生理活性ペプチドの役割

> 問題 5.27　ブラジキニンについての記述のうち，正しいものはどれか．
> 1　フェニルアラニンの脱炭酸反応により生成する．
> 2　細胞質に存在する受容体と結合する．
> 3　血圧降下作用をもつ．
> 4　基礎代謝を亢進する．
> 5　グリコーゲン合成を促進する．

キーワード　生理活性ペプチド，生理作用，ブラジキニン，血圧降下作用

解説　1（×）ブラジキニンは，キニノーゲンにカリクレインが作用して生成するアミノ酸9個からなる生理活性ペプチドである．
2（×）生理活性ペプチドは，細胞膜受容体への結合を介して特異的活性を発現する．
3（○）ブラジキニンは，血圧降下，平滑筋収縮，疼痛作用を示す．
4（×）甲状腺ホルモンは，基礎代謝を亢進させる．
5（×）肝におけるグリコーゲン合成は，インスリンにより促進される．

正解　3

◆ 確認問題 ◆

次の文の正誤を判別し，○×で答えよ．
□□□　1　レニンは，腎臓傍糸球体細胞から分泌される．
□□□　2　アンギオテンシンⅡの構成アミノ酸数は，アンギオテンシンⅠより多い．
□□□　3　アンギオテンシン変換酵素は，血管内皮細胞表面に存在する．
□□□　4　ブラジキニンは，キニノーゲンの脱リン酸化により生成する．
□□□　5　ブラジキニンの疼痛作用は，プロスタグランジンにより増強される．

正解と解説

1 (○)
2 (×) アンギオテンシン変換酵素は，アンギオテンシンⅠから2個のアミノ酸を遊離させ，アンギオテンシンⅡを生成する．
3 (○)
4 (×) ブラジキニンは，キニノーゲンへのプロテアーゼの作用で生成する．
5 (○)

到達目標 一酸化窒素の生合成経路と生体内での役割を説明できる．

・一酸化窒素の生合成と特徴

> **問題5.28** 一酸化窒素（NO）についての記述のうち，正しいものはどれか．
> 1 不対電子をもつ不安定な化合物である．
> 2 分子状酸素の一電子還元物質である．
> 3 常温，1気圧では液体である．
> 4 アドレナリンの分泌を促進して血管を収縮させる．
> 5 NOシンターゼ（NOS）の作用によりリシンから生成する．

キーワード 一酸化窒素，生理作用，特徴，NOシンターゼ，ラジカル

解説
1 (○) NOはラジカルであり，反応性が高い生理活性物質である．
2 (×) 記述は，活性酸素スーパーオキシドアニオンである．
3 (×) NOは気体である．
4 (×) NOは，cGMP濃度を上昇させて血管を弛緩させる．
5 (×) NOシンターゼはアルギニンからのNO生成に関与する酵素である．

正解 1

・一酸化窒素の生合成と作用機序

> **問題 5.29** 一酸化窒素（NO）についての記述のうち，正しいものはどれか．
> 1 血管内皮細胞で産生する．
> 2 小胞体からのカルシウム遊離を促す．
> 3 アデニル酸シクラーゼを活性化する．
> 4 アドレナリンは NO の前駆体である．
> 5 3′,5′-サイクリック GMP（cGMP）の細胞内濃度を低下させる．

キーワード 一酸化窒素，生理作用，特徴，グアニル酸シクラーゼ，cGMP，血管内皮細胞，受容体

解説
1 （○） NO は，血管内皮細胞から放出される．
2 （×） 細胞膜貫通型グアニル酸シクラーゼ（ANP 受容体）または可溶性型グアニル酸シクラーゼ（NO 作用タンパク質）との結合を介して生理作用を発現する．
3 （×） NO は，グアニル酸シクラーゼを活性化し 3′,5′-cGMP を生成させる．
4 （×） NO は，アルギニンへの NO シンターゼの作用により生成する．
5 （×） NO は，細胞内 cGMP 濃度を上昇させる．

正解 1

・一酸化窒素の生体内での役割

> **問題 5.30** 一酸化窒素（NO）についての記述のうち，正しいものはどれか．
> 1 細胞膜を通過しない．
> 2 内皮細胞由来弛緩因子（EDRF）である．
> 3 動脈硬化を誘導する．

5. 生理活性物質とシグナル分子

　　4　血圧を上昇させる．
　　5　気管を収縮する．

キーワード　一酸化窒素，血管内皮細胞，血管弛緩，気管支弛緩，動脈硬化抑制

解説
1（×）　NOは細胞膜を通過してグアニル酸シクラーゼを活性化する．
2（○）　NOは，血管内皮細胞から放出され，血管平滑筋を弛緩させる内皮由来弛緩因子（EDRF）である．
3（×）　NOは動脈硬化を防ぐ作用がある．
4（×）　NOは，血管平滑筋を弛緩させ，血圧を低下させる．
5（×）　NOシンターゼ（NOS）は，気管を弛緩する．

　　　　　　　　　　　　　　　　　　　　　　　　正解　2

◆ 確認問題 ◆

次の文の正誤を判別し，○×で答えよ．
□□□　1　NOは，生体防御反応に寄与する．
□□□　2　NOは，還元されて不活性体となる．
□□□　3　3種類のNOSは，すべて刺激に応じて誘導される誘導型酵素である．
□□□　4　ニトログリセリンの狭心症発作抑制作用に，NOが関与する．
□□□　5　NOは，陰茎勃起作用がある．

正解と解説
1（○）
2（×）　NOは，酸化されNO_2となる．
3（×）　構成常在型には神経型NOS（nNOS）と内皮型NOS（eNOS）があり，誘導型には誘導型NOS（iNOS）がある．
4（○）
5（○）

5.3 ◆ 神経伝達物質

到達目標 モノアミン系神経伝達物質を列挙し，その生合成経路，分解経路，生理活性を説明できる．

・モノアミン系神経伝達物質の前駆体

問題 5.31 モノアミン系神経伝達物質とその生合成前駆体との組合せとして，正しいものはどれか．
1　セロトニン ───── セリン
2　ヒスタミン ───── フェニルアラニン
3　ドパミン ────── チロシン
4　アドレナリン ──── アルギニン
5　ノルアドレナリン ── トリプトファン

キーワード カテコールアミン，脱炭酸

解説
1（×）　セロトニンは，トリプトファンを前駆体として，脱炭酸を介して合成される．
2（×）　ヒスタミンは，ヒスチジンを前駆体として，脱炭酸により合成される．なお，ヒスタミンは，ジアミン物質である．
3（○）　ドパミンは，チロシンを前駆体として，ドーパの脱炭酸により合成される．
4（×）　アドレナリンは，ノルアドレナリンのメチル化により合成される．つまり，アドレナリンの前駆体はチロシンである．
5（×）　ノルアドレナリンは，ドパミンの水酸化により合成される．つまり，ノルアドレナリンの前駆体はチロシンである．チロシンを前駆体に生成するモノアミン系神経伝達物質は共通にカテコール構造を有するので，これらを総称してカテ

コールアミンという．

正解 3

・モノアミン系神経伝達物質

> **問題5.32** モノアミン系神経伝達物質に関する記述として，**誤りを含む**ものはどれか．
> 1 それぞれに特異的な受容体に作用する．
> 2 細胞体において生合成される．
> 3 小胞に貯蔵されてから，分泌される．
> 4 分泌後，一部は神経終末に再取り込みされる．
> 5 モノアミンオキシダーゼ（MAO）やカテコール-O-メチルトランスフェラーゼ（COMT）などにより，代謝される．

キーワード　神経終末，小胞貯蔵，開口分泌（エキソサイトーシス），再取り込み，MAO，COMT

解　説　1（○）
　　　　2（×）　生合成は，神経終末で行われる．
　　　　3（○）　生合成された後，シナプス小胞に貯蔵される．刺激が終末に伝わると，開口分泌（エキソサイトーシス）により分泌される．
　　　　4（○）
　　　　5（○）

正解 2

・モノアミン系神経伝達物質の生理作用

問題 5.33 モノアミン系神経伝達物質とその伝達物質としての生理作用との組合せとして，正しいものはどれか．
1　セロトニン ―――――― 中枢神経において体運動の調節
2　ヒスタミン ―――――― 副交感神経において胃酸分泌刺激
3　ドーパミン（ドパミン）― 中枢神経において精神安定の維持
4　アドレナリン ――――― 交感神経において気管支収縮
5　ノルアドレナリン ――― 運動神経において骨格筋収縮

キーワード　カテコールアミン，脱炭酸

解説
1（×）　セロトニンは，中枢神経において精神安定の維持などに関与しており，欠乏はうつ病と密接に関係する．
2（×）　ヒスタミンは，副交感神経の伝達物質ではない．オータコイドとして，ヒスタミンは胃酸分泌を促進する．
3（○）
4（×）　交感神経刺激は，気管支を拡張する．
5（×）　運動神経の伝達物質は，アセチルコリンである．

正解　3

5. 生理活性物質とシグナル分子

到達目標 アミノ酸系神経伝達物質を列挙し，その生合成経路，分解経路，生理活性を説明できる．

・アミノ酸系神経伝達物質

問題 5.34 神経伝達物質に関する次の表の組合せのうち，正しいものはどれか．

	物質名	主に存在する神経	作用
1	アスパラギン酸	末梢神経	抑制性
2	γ-アミノ酪酸（GABA）	中枢神経	興奮性
3	グリシン	末梢神経	興奮性
4	グルタミン酸	中枢神経	興奮性
5	N-メチル-D-アスパラギン酸（NMDA）	末梢神経	抑制性

キーワード 酸性アミノ酸，興奮性，グリシン，GABA，抑制性

解説
1（×） 酸性アミノ酸（アスパラギン酸，グルタミン酸）は中枢神経系において，興奮性伝達物質として働く．
2（×） GABAは中枢神経に広範に含まれる抑制性伝達物質である．
3（×） グリシンは脳幹や脊髄で抑制性伝達物質として働く．
4（○）
5（×） NMDAは人工的アゴニストであり，中枢神経グルタミン酸受容体のサブタイプ，NMDA受容体に選択的に結合する．

正解 4

・神経伝達物質としてのグルタミン酸

問題 5.35 興奮性神経伝達物質のグルタミン酸に関する記述として，**誤りを含むもの**はどれか．
1 記憶や学習に関与する．
2 シナプス可塑性の形成に関与する．
3 神経終末において，小胞に蓄積される．
4 陽イオンチャネルを内蔵する受容体サブタイプがある．
5 分泌後，一部はエンドサイトーシスにより再取り込みされる．

キーワード　記憶，学習，シナプス可塑性

解　説
1（○）
2（○）シナプス可塑性とは，神経細胞の活動状態の変化によって情報の伝達効率が変化する現象のことである．
3（○）神経伝達物質であれば，シナプス小胞に貯蔵されたのち，エキソサイトーシスにより分泌される．
4（○）グルタミン酸受容体には，NMDA型などの陽イオンチャネルを内蔵するチャネル型と，Gタンパク質と共役する代謝型受容体の2つのサブタイプに大別される．
5（×）アミノ酸の再取り込みは，トランスポーターによる膜輸送による．

正解　5

・抑制性神経伝達物質

問題 5.36 抑制性神経伝達物質に関する記述として，正しいものはどれか．
1 グリシンは，脊髄で運動神経に対し，シナプス前抑制する．
2 γ-アミノ酪酸（GABA）は，脊髄で運動神経に対し，シナプス後抑制する．
3 グリシン受容体は，クロライドチャネル内蔵型である．

4　GABA$_A$ 受容体は，G$_i$ タンパク質共役型である．
　　　5　グリシンや GABA は，作用した神経細胞を脱分極させる．

キーワード　シナプス前抑制，シナプス後抑制，過分極，クロライドチャネル内蔵型受容体

解説
1（×）　グリシンは介在神経の伝達物質としてシナプス後膜（運動神経）に作用するので，それをシナプス後抑制という．
2（×）　GABA はシナプス前膜に作用し，運動神経への刺激を抑制するので，それをシナプス前抑制という．
3（○）　シナプス後抑制のグリシン受容体やシナプス前抑制の GABA$_A$ 受容体は，クロライドチャネル内蔵型である．
4（×）　GABA$_B$ 受容体は，G$_i$ タンパク質共役型である．
5（×）　神経細胞を過分極するので，抑制性である．

正解　3

到達目標　ペプチド系神経伝達物質を列挙し，その生合成経路，分解経路，生理活性を説明できる．

・知覚神経の痛覚伝達物質

問題 5.37　痛覚を伝達する知覚神経一次ニューロンの伝達物質はどれか．
　1　サブスタンス P
　2　エンケファリン
　3　ブラジキニン
　4　アンギオテンシン II
　5　エンドルフィン

キーワード　サブスタンス P

解説 1（○）
2（×）鎮痛作用をもつペプチド性神経伝達物質である．
3（×）発痛をおこすペプチド性オータコイドである．
4（×）血管収縮作用，アルドステロン分泌促進作用をもつペプチド性オータコイドである．
5（×）鎮痛作用をもつペプチド性神経伝達物質である．

正解 1

・オピオイドペプチド

問題 5.38 オピオイドペプチドはどれか．
1 ガストリン
2 ソマトスタチン
3 エンドセリン I
4 グルカゴン
5 エンケファリン

キーワード オピオイド，内因性モルヒネ，鎮痛

解説 1（×）ガストリンは胃酸分泌を促進するペプチド性消化管ホルモンである．
2（×）ソマトスタチンはインスリン，成長ホルモンなどの分泌抑制ペプチドである．
3（×）エンドセリンは強い血管収縮活性をもつペプチド性オータコイドである．
4（×）グルカゴンは血糖や脂肪酸の上昇作用をもつペプチド性膵臓ホルモンである．
5（○）オピオイドとは，オピオイド受容体に作用する物質の総称であり，鎮痛作用を示す．内因性モルヒネともいわれる．

正解 5

・ペプチド系神経伝達物質

> **問題 5.39** ペプチド系神経伝達物質に関する記述として，正しいものはどれか．
> 1 生合成は，神経終末において行われる．
> 2 前駆体タンパク質の切断により，生成する．
> 3 シナプス小胞に入らずに，分泌タンパク質として放出される．
> 4 キナーゼ内蔵型受容体に作用するものが多い．
> 5 モノアミンオキシダーゼにより，代謝される．

キーワード 細胞体，前駆体タンパク質，Gタンパク質共役型受容体

解説
1（×） タンパク質やペプチドは，リボソームにおいて生合成される．リボソームは細胞体に存在するが，終末にはない．
2（○） 大きな前駆体タンパク質として翻訳され，限定分解により切断されて，生成する．
3（×） 神経伝達物質であれば，シナプス小胞に貯蔵されてから，開口分泌される．
4（×） Gタンパク質共役型受容体に作用するものが多い．
5（×） 代謝はプロテアーゼによる分解である．

正解 2

到達目標 アセチルコリンの生合成経路，分解経路，生理活性を説明できる．

・アセチルコリン作働性神経

> **問題 5.40** アセチルコリンが伝達物質として働く神経として，**間違って**いるものはどれか．
> 1 交感神経の節前線維
> 2 交感神経の節後線維

3　副交感神経の節前線維
　　4　副交感神経の節後線維
　　5　運動神経

キーワード　自律神経節，副交感神経，運動神経

解説　1（○）自律神経の節前線維であれば，交感神経および副交感神経に関係なく，伝達物質はアセチルコリンである．つまり，自律神経節ではアセチルコリンが分泌され，節後線維のニコチン性 N_N 受容体に作用する．
　　2（×）交感神経の節後線維の伝達物質は，主にノルアドレナリンである．
　　3（○）
　　4（○）副交感神経の節後線維の伝達物質は，アセチルコリンであり，末梢効果器の受容体はムスカリン性受容体である．
　　5（○）運動神経の伝達物質は，アセチルコリンであり，神経筋接合部の受容体はニコチン性 N_M 受容体である．

正解　2

・アセチルコリン

問題 5.41　アセチルコリンに関する記述として，**誤りを含む**ものはどれか．
　　1　アセチル CoA とコリンから生合成される．
　　2　小胞に貯蔵された後，開口分泌される．
　　3　分泌後，コリンエステラーゼにより速やかに代謝される．
　　4　分解により，酢酸とコリンが生成する．
　　5　分泌後，一部は神経終末に再取り込みされる．

キーワード　コリンエステラーゼ

218　5. 生理活性物質とシグナル分子

解　　説　1（○）　アセチルコリンの生合成は神経終末において行われ，コリン-O-アセチルトランスフェラーゼによりアセチル CoA とコリンからつくられる．

2（○）　神経伝達物質であれば，シナプス小胞に貯蔵されてから，開口分泌される．

3（○）　アセチルコリン神経のシナプス周辺にはコリンエステラーゼが豊富に存在し，速やかにかつほぼ完全にアセチルコリンは分解される．このコリンエステラーゼは，真性コリンエステラーゼといわれる．

4（○）　コリンエステラーゼによる分解の結果，酢酸とコリンが生成する．

5（×）　分泌されたアセチルコリンは，急速かつほぼ完全に分解されるので，再取り込みされるアセチルコリンはシナプス間隙に残らない．再取り込みされるのは，コリンであり，終末でのアセチルコリン生合成に再利用される．

正解　5

・神経伝達物質アセチルコリンの生理作用

問題5.42　アセチルコリンが神経伝達物質としてあらわす作用として，**誤りを含むもの**はどれか．
1　心収縮力を低下させる．
2　気管支を収縮する．
3　消化管運動を促進する．
4　血管を拡張する．
5　骨格筋を収縮する．

キーワード　副交感神経，運動神経

解　　説　1（○）　副交感神経の伝達物質として，ムスカリン性受容体に作用する．

2（○）副交感神経の伝達物質として，ムスカリン性受容体に作用する．

3（○）副交感神経の伝達物質として，ムスカリン性受容体に作用する．

4（×）血管には，副交感神経の支配はないため，副交感神経のアセチルコリンが血管に影響することはない．血管内皮細胞にはムスカリン性受容体は存在するので，静注したアセチルコリンならば作用でき，一酸化窒素を介して血管を拡張する．

5（○）運動神経の伝達物質として，ニコチン性N_M受容体に作用する．

正解　4

5.4 ◆ サイトカイン・増殖因子

到達目標　代表的なサイトカインをあげ，それらの役割を概説できる．

・サイトカイン

問題 5.43　サイトカインに関する記述として，**誤りを含むもの**はどれか．
1　極微量で生理作用をあらわすペプチドやタンパク質である．
2　パラクリン的に作用するものが多い．
3　一つの因子が，複数の生理活性を併せもつことが多い．
4　生理活性は，各因子に独特のものである．
5　感染や炎症において，一過性に産生が増加するものが多い．

キーワード　ペプチド性，パラクリン，多能性，重複性

解説　1（○）サイトカインは，一般に免疫応答に関与するポリペプチドである．極微量で細胞の分化，増殖を促進したり，機能調

節に働く.
2 (○) 多くの場合，産生された局所で作用をあらわすことが多く，パラクリン的である.
3 (○) さまざまな複数の生理活性をもつことを，多能性という.
4 (×) 生理活性は，複数の因子間で互いにオーバーラップすることがある．これを重複性という.
5 (○) 必要に応じて，一過性に産生されるものが多い.

正解　4

・抗ウイルス作用をもつサイトカイン

問題5.44　抗ウイルス作用をもつサイトカインとして，正しいものはどれか.
1　IFN-α
2　IL-1
3　IL-6
4　IL-8
5　TNF-α

キーワード　インターフェロン，抗ウイルス作用

解説
1 (○) インターフェロン (IFN) には，$\alpha\beta\gamma$ の三種類があるが，すべてに抗ウイルス作用がある.
2 (×) インターロイキン-1 (IL-1) は，単球やマクロファージが産生する因子で，リンパ球のみならず組織の細胞を活性化し，炎症反応を誘起する．また，内因性発熱物質 (パイロジェン) としても知られている.
3 (×) インターロイキン-6 (IL-6) は炎症性サイトカインの1つであり，Bリンパ球の分化，増殖や肝臓に急性期タンパク質を誘導する作用などがある.
4 (×) インターロイキン-8 (IL-8) はケモカインであり，白血球

を遊走させる活性がある.
5（×） 腫瘍壊死因子-α（TNF-α）は，IL-1と同様に単球やマクロファージが産生する炎症反応を誘起する因子である．内因性発熱物質（パイロジェン）やインスリン抵抗性を生み出す因子としても知られている．

正解　1

・抑制性サイトカイン

> **問題 5.45** 他のサイトカイン産生を抑制する作用をものはどれか.
> 1　IL-2
> 2　IL-4
> 3　IL-5
> 4　IL-10
> 5　IL-12

キーワード　サイトカイン抑制，免疫抑制

解説
1（×） インターロイキン-2（IL-2）は，1型ヘルパーTリンパ球が産生するサイトカインで，Tリンパ球の増殖を促進する．
2（×） インターロイキン-4（IL-4）は，2型ヘルパーTリンパ球が産生するサイトカインで，Bリンパ球に作用し抗体産生のクラススイッチを誘導する活性（特にIgE産生）がある．
3（×） インターロイキン-5（IL-5）は，2型ヘルパーTリンパ球が産生するサイトカインで，Bリンパ球に作用し抗体産生のクラススイッチを誘導する活性（IgM，IgG，IgA産生）がある．また，好酸球の分化，増殖を促進する作用もある．
4（○） 抑制性サイトカインであり，サイトカイン遺伝子発現を抑制する．
5（×） NK細胞の活性化，1型ヘルパーTリンパ球の分化，増殖作用など，細胞性免疫を増強するサイトカインである．

222　5. 生理活性物質とシグナル分子

正解　4

到達目標　代表的な増殖因子をあげ，それらの役割を概説できる．

・増殖因子

問題 5.46　増殖因子に関する記述として，**誤りを含むもの**はどれか．
1　ペプチドやタンパク質である．
2　1つの増殖因子は，さまざまな種類の細胞によって産生される．
3　エンドクリン的に作用するものが多い．
4　作用発現は，神経伝達物質に比べると，遅い．
5　受容体は，チロシンキナーゼ内蔵型であるものが多い．

キーワード　ペプチド性，パラクリン，キナーゼ内蔵型受容体

解説　1（○）増殖因子は，一般に細胞の増殖や分化を促進するポリペプチドである．
　　　2（○）1つの増殖因子を産生する細胞の種類が決まっているわけではなく，多種の細胞が産生しうる．
　　　3（×）多くの場合，産生された局所で作用をあらわすことが多く，パラクリン的である．産生部位より遠く離れた作用部位に働くホルモンのようなエンドクリン的作用とは異なる．
　　　4（○）作用の発現は，比較的遅い．
　　　5（○）増殖因子の受容体は，チロシンキナーゼ内蔵型であるものが多い．

正解　3

・肝細胞増殖因子

> **問題 5.47** 肝実質細胞の増殖を最も強く促進するものはどれか.
> 1　EGF
> 2　FGF
> 3　HGF
> 4　NGF
> 5　VEGF

キーワード　EGF, FGF, HGF, NGF, VEGF, PDGF

解説
1（×）　上皮増殖因子（EGF）は，上皮細胞だけでなく，さまざまな細胞に対して増殖促進作用を示す．肝実質細胞にも増殖を促進するが，HGFの作用よりは弱い．
2（×）　線維芽細胞増殖因子（FGF）は，線維芽細胞だけでなく，多くの細胞の増殖を促進する．胎生期の器官発生や創傷治癒に関与する．
3（○）　肝細胞増殖因子（HGF）は，上皮細胞にも作用するが，最も強力な肝実質細胞に対する増殖因子である．
4（×）　神経成長因子（NGF）は，神経細胞に作用する神経栄養因子である．
5（×）　血管内皮細胞増殖因子（VEGF）は，最も強力な血管内皮細胞の増殖因子であり，血管新生に関与する．そのほかの代表的な増殖因子に血小板由来増殖因子（PDGF）などがある．

正解　3

・造血ホルモン

問題 5.48 赤芽球前駆細胞に働き，赤芽球への分化，増殖を促進するものはどれか．
1　G-CSF
2　M-CSF
3　GM-CSF
4　EPO
5　TPO

キーワード　エリスロポエチン，トロンボポエチン，コロニー刺激因子

解説
1（×）顆粒球コロニー刺激因子（G-CSF）は，顆粒球前駆細胞に働き，その分化と増殖を促進する．
2（×）マクロファージコロニー刺激因子（M-CSF）は，単球・マクロファージ前駆細胞に働き，その分化と増殖を促進する．
3（×）顆粒球マクロファージコロニー刺激因子（GM-CSF）は，顆粒球，単球・マクロファージ系の前駆細胞に働き，それらの分化と増殖を促進する．
4（○）エリスロポエチン（EPO）は，腎臓で産生される．赤血球を増加させるので，造血ホルモンといわれる．
5（×）トロンボポエチン（TPO）も，腎臓で産生される．巨核球前駆細胞の分化，増殖を促進するので，血小板を増加させる．

正解　4

5.5 ◆ 細胞内情報伝達

到達目標 細胞内情報伝達に関与するセカンドメッセンジャーおよびカルシウムイオンなどを,具体例をあげて説明できる.

・セカンドメッセンジャー

> **問題 5.49** セカンドメッセンジャーに関する記述として,正しいものはどれか.
> 1 細胞膜受容体の刺激により,細胞内濃度が変化する低分子化合物やイオンである.
> 2 細胞膜受容体の刺激により,細胞外に放出される低分子化合物やイオンである.
> 3 細胞膜受容体の刺激により,細胞内で活性化される酵素などのタンパク質である.
> 4 細胞膜受容体の刺激により,細胞外に放出される酵素などのタンパク質である.
> 5 核内受容体の刺激により,細胞内で発現する酵素などのタンパク質である.

キーワード 低分子化合物,イオン,細胞内,濃度変化

解説 1(○) 細胞外シグナル分子が細胞膜に結合すると,細胞内で瞬時にシグナル分子が生成する.これをセカンドメッセンジャーという.セカンドメッセンジャーは,低分子化合物やイオンである.セカンドメッセンジャーにはサイクリック AMP,サイクリック GMP,イノシトール三リン酸,ジアシルグリセロール,カルシウムイオンなどがある.

2(×)

3（×） セカンドメッセンジャーは細胞内で調節因子として働き，酵素やチャネルなどのタンパク質を活性化または不活性化する．
4（×）
5（×）

正解　1

・セカンドメッセンジャーの生合成

問題 5.50 セカンドメッセンジャーとその生成に関与する酵素の組合せとして，正しいものはどれか．
1　サイクリック AMP ——— ホスホジエステラーゼ
2　サイクリック GMP ——— NO 合成酵素
3　イノシトール三リン酸 —— アデニル酸シクラーゼ
4　アラキドン酸 ——————— ホスホリパーゼ A_2
5　ジアシルグリセロール —— ホスホリパーゼ C

キーワード　サイクリック AMP，サイクリック GMP，イノシトール三リン酸，ジアシルグリセロール，カルシウムイオン

解説
1（×）サイクリック AMP は，アデニル酸シクラーゼにより ATP から生成される．ホスホジエステラーゼは，分解酵素である．
2（×）サイクリック GMP は，グアニル酸シクラーゼにより GTP から生成される．
3（×）イノシトール三リン酸は，ホスファチジルイノシトール二リン酸からホスホリパーゼ C により生成される．同時にジアシルグリセロールも生成する．
4（×）アラキドン酸は，リン脂質からホスホリパーゼ A_2 により遊離されるが，セカンドメッセンジャーではない．
5（○）

5.5 細胞内情報伝達

[正解] 5

・セカンドメッセンジャーの標的タンパク質

> **問題 5.51** セカンドメッセンジャーとその標的タンパク質の組合せとして，正しいものはどれか．
> 1 サイクリック AMP ——— プロテインキナーゼ G
> 2 サイクリック GMP ——— グアニル酸シクラーゼ
> 3 カルシウムイオン ——— カルモジュリン
> 4 ジアシルグリセロール ——— ホスホリパーゼ C
> 5 イノシトール三リン酸 ——— プロテインキナーゼ C

キーワード プロテインキナーゼ A，プロテインキナーゼ C，プロテインキナーゼ G，カルモジュリン，小胞体，カルシウムイオン

解説
1 (×) サイクリック AMP はプロテインキナーゼ A（PKA）の調節因子であり，PKA を活性化する．
2 (×) サイクリック GMP はプロテインキナーゼ G（PKG）の調節因子であり，PKG を活性化する．
3 (○) カルシウムイオンはさまざまなタンパク質の機能を調節する．カルモジュリンは代表的なカルシウム結合タンパク質である．カルシウムイオンが結合したカルモジュリンは，多くのタンパク質の活性調節サブユニットとして働く．
4 (×) ジアシルグリセロールはプロテインキナーゼ C（PKC）の調節因子であり，PKC を活性化する．
5 (×) イノシトール三リン酸は小胞体に作用し，細胞内貯蔵カルシウムイオンを細胞質に放出させる．

[正解] 3

5. 生理活性物質とシグナル分子

到達目標 細胞膜受容体から G タンパク質系を介して細胞内へ情報を伝達する経路について概説できる．

・G タンパク質共役型受容体

問題 5.52 受容体と共役する G タンパク質に関する記述として，正しいものはどれか．
1　2 つの $\alpha\beta$ サブユニットから構成されている．
2　活性型 α サブユニットには，GDP が結合している．
3　β サブユニットには，GTP アーゼ活性がある．
4　受容体からの活性化刺激により，α サブユニットが解離する．
5　β サブユニットの種類により，G_s や G_i などのサブタイプに分類される．

キーワード　三量体，GDP-GTP 交換，GTP アーゼ

解説
1（×）受容体と共役する G タンパク質は，$\alpha\beta\gamma$ 三量体である．
2（×）不活性型 α サブユニットには GDP が結合しており，活性化刺激を受けると，GDP を放出し GTP を結合し（GDP-GTP 交換），α サブユニットが $\beta\gamma$ 複合体から解離する．
3（×）α サブユニットには，内因性 GTP アーゼ活性があり，GTP を加水分解し GDP にすることにより，情報伝達を終了する．
4（○）解離した α サブユニットや $\beta\gamma$ 複合体が，下流の効果器（酵素やチャネルなど）に相互作用し，それらの活性を調節する．
5（×）基本的に，α サブユニットは異なるが，$\beta\gamma$ 複合体は共通である．

正解　4

・Gタンパク質

問題 5.53 Gタンパク質の機能に関する記述として,正しいものはどれか.
1　G_s タンパク質は,cAMP ホスホジエステラーゼを活性化する.
2　G_i タンパク質は,アデニル酸シクラーゼを活性化する.
3　G_o タンパク質は,チロシンキナーゼを活性化する.
4　G_t タンパク質は,グアニル酸シクラーゼを活性化する.
5　G_q タンパク質は,ホスホリパーゼCを活性化する.

キーワード　アデニル酸シクラーゼ,ホスホリパーゼC,cGMP ホスホジエステラーゼ

解説
1 (×)　G_s タンパク質は,アデニル酸シクラーゼを活性化する.
2 (×)　G_i タンパク質は,アデニル酸シクラーゼを抑制する.
3 (×)　G_o タンパク質は,イオンチャネルの開閉を調節する作用があるが,チロシンキナーゼと相互作用することはない.
4 (×)　G_t タンパク質は,cGMP ホスホジエステラーゼを活性化する.
5 (○)

正解　5

・細菌毒素とGタンパク質

問題 5.54 細菌毒素とGタンパク質に関する記述として,正しいものはどれか.
1　コレラ毒素は,G_s タンパク質を常時活性化する.
2　コレラ毒素は,G_s タンパク質を常時不活性化する.
3　コレラ毒素は,G_i タンパク質を常時活性化する.
4　百日咳毒素は,G_s タンパク質を常時不活性化する.
5　百日咳毒素は,G_i タンパク質を常時活性化する.

230 5. 生理活性物質とシグナル分子

キーワード　コレラ毒素，百日咳毒素，ADP リボシル化

解説　1（○）　コレラ毒素は，G_s タンパク質 α サブユニットを ADP リボシル化する．その結果，GTP アーゼ活性が阻害され，G_s タンパク質は受容体からの刺激の有無に関係なく，常時活性化された状態になる．

2（×）

3（×）　通常では，G_i タンパク質はコレラ毒素の基質にはならない．

4（×）　百日咳毒素は，G_i，G_t，G_o タンパク質 α サブユニットを ADP リボシル化するが，G_s タンパク質には作用しない．

5（×）　百日咳毒素は，G_i タンパク質 α サブユニットを ADP リボシル化する．ADP リボシル化は，G_i タンパク質の GTP 結合能や GTP アーゼ活性には影響を与えないが，受容体からの刺激伝達を遮断する．したがって，G_i タンパク質は，見かけ上不活性な状態であるようにふるまう．

正解　1

到達目標　細胞膜受容体タンパク質などのリン酸化を介して情報を伝達するおもな経路について概説できる．

・受容体とリン酸化

問題 5.55　リガンドの結合によりリン酸化されて細胞内に情報を伝達する細胞膜受容体はどれか．
1　アドレナリン α_1 受容体
2　アセチルコリン N_M 受容体
3　グルココルチコイド受容体
4　インスリン受容体
5　グルカゴン受容体

キーワード　キナーゼ内蔵型受容体，チロシンキナーゼ，増殖因子

解　説　1（×）　アドレナリン α_1 受容体は，G_q タンパク質共役型である．
　　　　2（×）　アセチルコリン N_M 受容体は，陽イオンチャネル内蔵型である．
　　　　3（×）　グルココルチコイド受容体は，細胞内受容体である．
　　　　4（○）　インスリン受容体は，受容体の細胞内領域にチロシンキナーゼ活性をもつ．インスリン結合によりキナーゼが活性化し，インスリン受容体自身をリン酸化し（自己リン酸化），下流の細胞内情報伝達系が作動する．このようなキナーゼ内蔵型受容体は，増殖因子の受容体に多くみられる．
　　　　5（×）　グルカゴン受容体は，G_s タンパク質共役型である．

正解　4

・プロテインキナーゼ

問題 5.56　細胞膜受容体とその細胞内情報伝達系ではたらくプロテインキナーゼの組合せとして，正しいものはどれか．
　1　アドレナリン β_1 受容体体 ── プロテインキナーゼ A（PKA）
　2　アセチルコリン M_1 受容体体 ── 受容体チロシンキナーゼ
　3　上皮増殖因子（EGF）受容体 ── プロテインキナーゼ G（PKG）
　4　$GABA_A$ 受容体 ── MAP キナーゼ
　5　エストロゲン受容体 ── プロテインキナーゼ C（PKC）

キーワード　G_s-PKA，G_q-PKC，増殖因子-受容体チロシンキナーゼ，MAP キナーゼ

解　説　1（○）　アドレナリン β_1 受容体は G_s タンパク質共役型であり，cAMP の生成を介して，PKA を活性化する．
　　　　2（×）　アセチルコリン M_1 受容体は G_q タンパク質共役型であり，

ジアシルグリセロールの生成を介して，PKC を活性化する.
3（×） EGF 受容体はチロシンキナーゼ内蔵型受容体であり，受容体チロシンキナーゼの下流で細胞増殖を促進する MAP キナーゼを活性化する.
4（×） $GABA_A$ 受容体はクロライドチャネル内蔵型受容体で，Cl^- の細胞内への流入により過分極を起こす.
5（×） エストロゲン受容体は細胞内受容体であり，リガンドが結合した受容体自身が転写因子として遺伝子発現を調節する.

(正解) 1

・一酸化窒素の細胞内情報伝達

問題5.57 一酸化窒素 NO の作用において，細胞内で活性化されるプロテインキナーゼはどれか.
1 プロテインキナーゼ A（PKA）
2 プロテインキナーゼ C（PKC）
3 プロテインキナーゼ G（PKG）
4 MAP キナーゼ
5 受容体チロシンキナーゼ

キーワード　可溶性グアニル酸シクラーゼ，サイクリック GMP，プロテインキナーゼ G（PKG）

解説
1（×） PKA はサイクリック AMP により活性化されるプロテインキナーゼである.
2（×） PKC は Ca^{2+}/ジアシルグリセロールにより活性化されるプロテインキナーゼである.
3（○） NO により可溶性グアニル酸シクラーゼが活性化される結果，サイクリック GMP が生成し，サイクリック GMP が PKG を活性化する.
4（×） MAP キナーゼは種々の増殖因子により共通に活性化され

るプロテインキナーゼである．
　5（×）　NO には受容体がなく，細胞内の可溶性グアニル酸シクラーゼに直接結合し，活性化する．

正解　3

到達目標　代表的な核内（細胞内）受容体の具体例をあげて説明できる．

・核内（細胞内）受容体

問題 5.58　核内受容体に関する記述として，**誤りを含むもの**はどれか．
1　リガンドには，脂溶性物質が多い．
2　ホモ二量体やヘテロ二量体であるものが多い．
3　リガンドが結合すると，転写因子として働く．
4　リガンドが結合すると，RNA の特異的な配列に結合する．
5　細胞膜受容体を介した細胞応答に比べて，作用発現が遅い．

キーワード　脂溶性リガンド，転写因子，応答配列

解説
1（○）　細胞内（核内）受容体に作用するリガンドは細胞膜を通過しなければならないため，脂溶性物質であるものが多い．脂溶性物質は，細胞膜を構成する疎水性の脂質二重層を通過することができる．
2（○）　細胞内（核内）受容体は，同じサブユニットからなる二量体（ホモ二量体）や，異なるサブユニットからなる二量体（ヘテロ二量体）であるものが多い．
3（○）　リガンドが結合すると，遺伝子のプロモーター領域に移行し，転写の調節因子として働く．
4（×）　それぞれの核内受容体（転写因子）は，DNA の特異的な配列部分に結合する．この配列を応答配列という．したがって，応答配列を含むプロモーター領域をもつ遺伝子の発

現が調節される．

5（○）細胞応答には転写と翻訳が必要であるため，作用発現には時間がかかる．

正解　4

・核内（細胞内）受容体の構造

問題 5.59　核内受容体の構造に関する記述として，**誤りを含むもの**はどれか．
1　リガンド結合領域をもつ．
2　DNA 結合領域をもつ．
3　Zinc フィンガー構造をもつ．
4　核に局在する目印となる配列をもつ．
5　転写を活性化する応答配列をもつ．

キーワード　DNA 結合領域，Zinc フィンガー，核局在化シグナル配列

解説

1（○）リガンドを特異的に認識して結合する領域を，リガンド結合領域という．ここにリガンドが結合すると，受容体の高次構造が変化する．

2（○）リガンド結合により受容体の変化した高次構造では，DNA に結合し転写を調節する機能を発揮できる．

3（○）Zinc フィンガーは DNA 結合タンパク質によくみられる二次構造の1つで，核内受容体では DNA 結合領域にある．これを介して，DNA に結合する．

4（○）核内受容体は，タンパク質生合成後に核に輸送される必要がある．その輸送シグナルとなる配列が存在する．これを核局在化シグナル配列という．

5（×）応答配列は，リガンドが結合した核内受容体のような転写因子が認識して結合する DNA 配列のことである．

正解　5

・核内（細胞内）受容体

問題 5.60　核内受容体でないものはどれか．
　1　アンドロゲン受容体
　2　甲状腺ホルモン受容体
　3　ビタミン D_3 受容体
　4　プロスタグランジン E_2 受容体
　5　レチノイン酸受容体

キーワード　ステロイドホルモン，甲状腺ホルモン，脂溶性ビタミン

解説　1（○）　ステロイドホルモンは，それぞれに特異的な細胞内受容体に作用する．アンドロゲン受容体にはテストステロン，エストロゲン受容体にはエストラジオール，プロゲステロン受容体にはプロゲステロン，グルココルチコイド受容体にはコルチゾールなどの糖質コルチコイド，アルドステロン受容体には鉱質コルチコイドのアルドステロンが結合する．

　　　2（○）　甲状腺ホルモン［トリヨードチロニン（T_3），チロキシン（T_4）］も脂溶性リガンドであり，核内の甲状腺ホルモン受容体に結合する．

　　　3（○）　ビタミン D_3 はリガンドとして働く脂溶性ビタミンであり，核内のビタミン D_3 受容体に結合する．

　　　4（×）　プロスタグランジン，トロンボキサンおよびロイコトリエンなどのエイコサノイドは脂溶性の生理活性物質であるが，これらの受容体は細胞膜受容体である．

　　　5（○）　レチノイン酸（ビタミン A 群）はリガンドとして働く脂溶性ビタミンであり，核内のレチノイン酸受容体に結合する．

正解　4

6 遺伝子を操作する

バイオテクノロジーを薬学領域で応用できるようになるために，遺伝子操作に関する基本的知識，技能，態度を修得する．

6.1 ◆ 遺伝子操作の基本

到達目標　組換え DNA 技術の概要を説明できる．

・組換え DNA 技術

> **問題 6.1**　次の項目の中で組換え DNA 技術としては，通常，**利用されない**項目はどれか．
> 1　制限酵素
> 2　ベクター
> 3　siRNA
> 4　DNA リガーゼ
> 5　薬剤耐性マーカー

キーワード　組換え DNA，制限酵素，DNA リガーゼ，プラスミド

解説
1（○）　特定の塩基配列部分で DNA を切断し，はさみの役割をする重要な酵素．
2（○）　DNA はベクター上で組み換えられることが多い．組み換えた DNA をすぐに発現させることができる．
3（×）　siRNA は塩基配列特異的に DNA を切断するが，通常，発現を抑える目的に使用し，DNA 組換えには利用されない．

4（○） ホスホジエステル結合が切断された DNA を，再び結合させる酵素．組換え DNA 技術で"のり"の役割をする．
5（○） 組み換えた DNA を大量に精製する場合など，ベクタープラスミド上の薬剤耐性マーカーを利用して，プラスミド保有細胞を選択する．

正解 3

・制限酵素

問題 6.2 制限酵素が切断する DNA 配列に**関係しない**用語はどれか．
1 平滑末端
2 パリンドローム配列
3 粘着末端
4 繰り返し配列
5 5′突出末端

キーワード プラスミド，ベクター，制限酵素，リガーゼ，ポリメラーゼ

解説 1（○） 平滑末端を生じる種類の制限酵素がある．
2（○） 制限酵素が認識する配列は，パリンドローム配列（回文）構造をとっている．回文構造とは，例えば，GGATCC では相補する配列が CCTAGG になるが，逆から読むと元と同じ配列となっているような構造である．
3（○） 粘着末端を生じる種類の制限酵素がある．
4（×） 繰り返し配列は，制限酵素が切断する DNA 配列とは直接関係しない．
5（○） 粘着末端には，5′突出末端と 3′突出末端の 2 種類がある．

```
5'-GAT   ATC-3'
3'-CTA   TAG-5'
```
Eco RV（平滑末端）

```
5'-CTGCA   G-3'
3'-G   ACGTC-5'
```
Pst I（粘着末端：3'突出末端）

```
5'-G   GATCC-3'
3'-CCTAG   G-5'
```
Bam HI（粘着末端：5'突出末端）

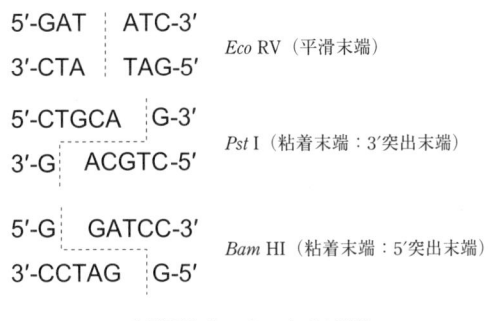

制限酵素による切断部位

正解　4

◆ 確認問題 ◆

次の文の正誤を判別し，○×で答えよ．

□□□ 1　プラスミドは，大腸菌や枯草菌のような異なる宿主細胞においても，一般に複製効率は大きく変わらない．

□□□ 2　制限酵素で切断したDNAの再結合（ライゲーション）の効率は，平滑末端のほうが粘着末端より高い．

□□□ 3　DNAリガーゼは，DNA同士を結合させる酵素である．

□□□ 4　大腸菌のDNAポリメラーゼIは，DNA合成活性に加えて，DNAを末端から除去する5'→3'と3'→5'のエキソヌクレアーゼ活性をあわせもつ．DNA複製において合成開始に必要だったRNAプライマーの除去にも働く．

□□□ 5　クレノウ（Klenow）酵素は，DNAポリメラーゼIから5'→3'のエキソヌクレアーゼ活性をもつ部分を除去した酵素である．

□□□ 6　S1ヌクレアーゼは，一本鎖DNAまたはRNAを内部から切断する．

正解と解説

1（×）　プラスミドの複製効率は，複製開始点（*ori*）の性質と，使用する宿主に大きな影響を受ける．異なる宿主でも効率よく複製できるプラスミドが開発されており，シャトルベクターと呼ばれる．

2（×）　粘着末端のほうが，平滑末端よりDNAリガーゼによる再結合の効率が一般的に高い．

3（○）

4（○）

5（○）　5′→3′のエキソヌクレアーゼ活性を除くことで，5′末端のリン酸基の切断などの問題は生じない．制限酵素処理したDNAの3′突出末端の相補鎖を埋めて平滑末端にすることにも利用する．

6（○）　核酸を内部から切断する酵素を，エンドヌクレアーゼと呼ぶ．

6.2 ◆ 遺伝子のクローニング技術

到達目標　遺伝子クローニング法の概要を説明できる．

・遺伝子クローニング

> **問題6.3** 通常，遺伝子クローニングのためのスクリーニングに利用しないものはどれか．
> 1　塩基配列
> 2　アミノ酸配列
> 3　アミノ酸組成
> 4　タンパク質の活性
> 5　タンパク質間相互作用

キーワード　クローニング，ハイブリッド形成，ウェスタンブロット，ツーハイブリッド・システム

解説　1（○）　塩基配列は，核酸プローブを利用して遺伝子スクリーニングに利用できる．

2（○）　アミノ酸配列情報とコドン表を利用して，塩基配列に変換した核酸プローブをつくることがある．コドンとアミノ酸の対応が1対1対応でないので，複数の核酸プローブの混和物となる．

3（×）アミノ酸組成は，直接遺伝子クローニングに利用できない．
4（○）タンパク質の活性を指標に，遺伝子スクリーニングを行える．
5（○）ツーハイブリッド・システムは，タンパク質間相互作用を利用している．

正解　3

到達目標　cDNA とゲノム DNA の違いについて説明できる．

・cDNA（相補 DNA）

問題 6.4　動物細胞の mRNA を鋳型（いがた）として合成した cDNA の中には，原則として**含まれることのない** DNA 配列あるいは領域は以下に示したもののうちどれか．
1　エクソン
2　5′非翻訳領域配列
3　3′非翻訳領域配列
4　Kozak 配列
5　イントロン

キーワード　相補 DNA（complementary DNA），ゲノム DNA，逆転写酵素

解説　1（○）cDNA の主要部分はエクソンである．
2（○）5′非翻訳領域配列には，遺伝子発現調節に関わる重要な領域が含まれている．
3（○）3′非翻訳領域配列も含まれている．
4（○）開始コドン付近に翻訳に関わる Kozak 配列がある場合には含まれる．
5（×）

正解　5

6. 遺伝子を操作する

◆ 確認問題 ◆

次の文の正誤を判別し，○×で答えよ．

□□□ 1 相補的 DNA（cDNA）は，mRNA を鋳型として DNA ポリメラーゼ I（polymerase I）により合成される．

□□□ 2 cDNA には，通常，遺伝子のイントロン部分が含まれている．

□□□ 3 ゲノム DNA とは，細胞の核に含まれる染色体 DNA のすべてを指し，遺伝子と遺伝子間領域が含まれる．

□□□ 4 真核生物の mRNA から cDNA を合成する場合，3′末端のポリ A 末端に相補的なオリゴ（dT）をプライマーとして用いることが多い．

正解と解説

1（×）通常，逆転写酵素を使用する．
2（×）cDNA では，通常，イントロン部分が除かれている．
3（○）
4（○）

到達目標 遺伝子ライブラリーについて説明できる．

・cDNA ライブラリー

問題 6.5 cDNA ライブラリーに関する性質について一般的に正しい組合せのものはどれか．

1 挿入遺伝子サイズ ――――― 20〜600 kbp
2 ベクター ――――――――― プラスミド
3 イントロン ――――――――― 含む
4 臓器・組織による偏在 ―――― ない
5 発現制御 ―――――――――― 自己プロモーターによる転写制御

6.2 遺伝子のクローニング技術　243

キーワード　cDNA ライブラリー，プラスミド

解説　1（×）　一般的には，0.5 〜 10 kbp 程度．20 〜 600 kbp は，ゲノムライブラリーに相当する．
2（○）　プラスミドやλファージを使うことが多い．
3（×）　cDNA ライブラリーには含まれない．ゲノムライブラリーに含まれる．
4（×）　mRNA を単離した臓器・組織での発現が異なるため偏在がある．
5（×）　使用したベクターに含まれる外来プロモーターを用いることが多い．

正解　2

・ゲノム DNA ライブラリー

問題 6.6　ゲノム DNA ライブラリーに関する次の記述のうち，誤っているものはどれか．
1　制限酵素で部分分解した染色体 DNA 断片をベクターに挿入した組換え体の集合．
2　染色体 DNA のほとんどすべての領域に相当する配列を含む．
3　ベクターとしてλファージやコスミド，YAC，BAC，PAC などを使用する．
4　作成時に逆転写酵素を用いることもある．
5　20 〜 600 kb の大きな DNA 断片を含む．

キーワード　ゲノム DNA ライブラリー，λファージ，コスミド，YAC，BAC

解説　1 〜 3，5（○）　ゲノム DNA ライブラリーは，cDNA ライブラリーと異なり，大きな長さの染色体 DNA そのものを含むライブラリーで，イントロンや偽遺伝子などのすべての遺伝子情報をそのまま含んでいる．

4（×）　逆転写酵素は使用しない．

正解　4

◆ 確認問題 ◆

次の文の正誤を判別し，○×で答えよ．

□□□ 1　ヒトの肝臓のcDNAライブラリーには，ヒトゲノムDNAのほとんどすべてに相当する配列が含まれている．

□□□ 2　cDNAライブラリーは，mRNAの情報をもった二本鎖cDNA断片を集めたライブラリーである．

□□□ 3　ゲノムDNAライブラリーには，イントロンや偽遺伝子を含むすべてのゲノムDNA情報が含まれる．

□□□ 4　cDNAライブラリーでは，ライブラリーの状態でcDNAがコードするタンパク質の発現が可能であり，発現タンパク質の機能によるクローニングが可能である．

□□□ 5　cDNAライブラリーの挿入断片は，ゲノムDNAライブラリーと比較して挿入断片DNAの長さが短い，ベクターとしては細菌のプラスミドやλファージなどが用いられる．

正解と解説

1（×）　肝臓で発現しているmRNAに相当するcDNAが含まれる．
2（○）
3（○）
4（○）
5（○）

6.2 遺伝子のクローニング技術 245

到達目標 PCR 法による遺伝子増幅の原理を説明し，実施できる．

・PCR 法

問題 6.7 PCR 法に**関連のない**用語はどれか．
1 アニーリング
2 変性
3 特異的切断
4 プライマー
5 伸長反応

キーワード PCR，特異的増幅，PCR 装置

解説 1（○） DNA を増幅させる前にプライマーを鋳型 DNA にアニーリングさせる段階が必要である．
2（○） DNA 合成（増幅）反応では，鋳型 DNA を一本鎖 DNA に変性させることが必要である．
3（×） 特異的切断は，PCR 反応とは直接関係しない．
4（○） PCR 法では，増幅させる DNA の両端に相補的な 2 本のプライマーを使用する．
5（○） PCR 反応では，耐熱性の酵素を使い，70 ℃前後の高い温度で伸長反応を進めることが多い．

正解 3

・PCR 法の実際

問題 6.8 反応液を調製後，次のような手順で PCR 反応を行った．
① 溶液を 95 ℃で 1 分間保持する．
② 溶液を 55 ℃とし 1 分間保持する．
③ さらに溶液を 72 ℃で 1 分間保持する．

④ ①〜③の操作を30回繰り返す．

②の段階で起きている反応について，正しい文章を選べ．

1　変性により，二本鎖DNAを一本鎖DNAとしている．
2　一本鎖DNAに相補的配列をもつプライマーが結合している．
3　DNAポリメラーゼが熱変性により失活させられている．
4　DNAポリメラーゼにより，プライマーの5′末端から相補鎖が伸びて新しい鎖がつくられている．
5　DNAポリメラーゼにより，プライマーの3′末端から相補鎖が伸びて新しい鎖がつくられている．

解説　1（×）①の反応で起こっている変性反応．
　　　2（○）アニーリング
　　　3（×）PCR反応では，耐熱性酵素を使用することが多く，熱失活に抵抗性である．
　　　4（×）プライマーの5′末端側には，DNA合成は起こらない．
　　　5（×）③の伸長反応．

正解　2

◆ 確認問題 ◆

次の文の正誤を判別し，○×で答えよ．

□□□　1　特定のプローブ（プライマー）を用いることにより，感染症の原因菌を同定できる．
□□□　2　DNAポリメラーゼは，プライマーがなくても新たな鎖を合成できる．
□□□　3　PCRにより鋳型DNAから生成したDNA断片は，すべて同一の長さとなる．
□□□　4　二本鎖DNA（鋳型DNA）を一本鎖にする場合，95℃前後の熱による熱変性を行う．
□□□　5　微量RNAを検出するために，逆転写PCR（RT-PCR）が用いられる．

正解と解説

1 (○)
2 (×)
3 (×) より長い増幅断片が少量含まれている.
4 (○)
5 (○)

到達目標 RNA の逆転写と逆転写酵素について説明できる.

・逆転写酵素

問題 6.9 レトロウイルスの酵素で，自らの一本鎖 RNA ゲノムを鋳型に相補 DNA を合成するものはどれか.
1 DNA 依存性 DNA ポリメラーゼ
2 RNA 依存性 DNA ポリメラーゼ
3 DNA 依存性 RNA ポリメラーゼ
4 RNA 依存性 RNA ポリメラーゼ
5 Klenow フラグメント

キーワード 逆転写, 逆転写酵素

解説 2 (○) 逆転写酵素の性質である.

正解 2

・逆転写

問題 6.10 RT-PCR 法についての記述で**誤っている**ものはどれか.
1 mRNA を鋳型とする.
2 cDNA クローニングに利用できる.
3 逆転写反応を繰り返し行う.

> 4　各臓器間での発現量の違いをみることができる．
> 5　mRNA の検出や定量にも利用できる．

キーワード　逆転写酵素，RT-PCR，リアルタイム PCR

解説
1（○）
2（○）
3（×）　逆転写反応は，最初の1回だけで，引き続き PCR 法で DNA を増幅する．
4（○）　逆転写酵素と高温耐性の DNA ポリメラーゼを使う．
5（○）　検出に簡便．蛍光プローブを利用してリアルタイムに PCR を行う方法も普及しており，定量性も比較的良い．

正解　3

◆ 確認問題 ◆

次の文の正誤を判別し，○×で答えよ．
□□□　1　テロメラーゼは，逆転写酵素の一種である．
□□□　2　ヒト免疫不全ウイルス（HIV）は DNA ウイルスで，ゲノム中に逆転写酵素をコードしている．
□□□　3　遺伝情報は RNA から DNA へも伝達されうることが逆転写酵素の発見により証明された．

正解と解説
1（○）　テロメラーゼは，TERT（telomerase reverse transcriptase）と呼ばれる逆転写酵素の触媒サブユニットをもつ．
2（×）　ヒト免疫不全ウイルス（HIV）はレトロウイルスに分類される RNA ウイルスで，逆転写酵素を保持している．
3（○）　最初のセントラルドグマは，DNA → RNA →タンパク質の一方向の遺伝情報の伝達として唱えられたが，レトロウイルス由来逆転写酵素の発見により，RNA → DNA の方向にも遺伝情報が流れることが追加修正された．

6.2 遺伝子のクローニング技術　249

到達目標　DNA 塩基配列の決定法を説明できる．

・塩基配列決定の方法

問題 6.11　2′,3′-ジデオキシリボヌクレオシド三リン酸を共存させることにより，DNA ポリメラーゼによる DNA 鎖伸長を停止させることを利用した DNA 塩基配列決定法はどれか．
　1　マクサム・ギルバート法
　2　ジデオキシ法（サンガー法）
　3　エドマン分解法
　4　ハイブリッド形成法
　5　ツーハイブリッド法

キーワード　マクサム・ギルバート法，ジデオキシ法（サンガー法）

解説　1（×）塩基配列決定法の別法．塩基特異的な修飾を行った部位で化学的に DNA を切断する．操作が煩雑なので，現在はジデオキシ法が主流となっている．
　2（○）
　3（×）タンパク質のアミノ酸配列を N-末端側から決定することができる方法．
　4，5（×）遺伝子のクローニングに使用される方法．

正解　2

・塩基配列決定法の概要

問題 6.12　塩基配列決定法に**関連のない**用語は何か．
　1　DNA ポリメラーゼ
　2　キャピラリー電気泳動
　3　蛍光プライマー

　　　　4　一本鎖DNA
　　　　5　DNAリガーゼ

キーワード　DNAポリメラーゼ，プライマー，ポリアクリルアミドゲル電気泳動，シークエンサー，ddNTP

解　説　1（○）　DNA合成酵素．現在は，サイクルシークエンス法が主流なので，PCR法に類似した耐熱性酵素を塩基配列決定に使用することも多い．
　　　　2（○）　分子量の異なる合成DNA断片（DNAラダー）の分離をキャピラリー電気泳動で行う装置が普及している．
　　　　3（○）　DNA塩基配列決定の自動化装置を用いる場合，反応液中で，蛍光プライマーや蛍光標識ジデオキシヌクレオチド（ddNTP）を用いることが多い．
　　　　4（○）　塩基配列決定において，DNA合成は変性させた一本鎖DNAを鋳型にしている．
　　　　5（×）　DNAリガーゼは，クローニングやライブラリーの作成に用いるが，塩基配列決定には使用しない．

　　　　　　　　　　　　　　　　　　　　　　　　正解　5

◆ 確認問題 ◆

次の文の正誤を判別し，○×で答えよ．

□□□　1　ジデオキシ法（サンガー法）において，ddNTPは3′末端に-OH基をもたないので，dNTPの代わりにddNTPが取り込まれるとそこで鎖の伸長が停止する．

□□□　2　標識方法としてはプライマーを蛍光標識したDye Primer法と，ddNTPを蛍光標識したDye Terminator法，そして基質のdNTPに標識したInternal-label法がある．

□□□　3　ジデオキシ法で使用されるDNAポリメラーゼからは，5′→3′エキソヌクレアーゼ活性を除いてある．

□□□ 4 DNAポリメラーゼとして，Klenow酵素や高度耐熱性細菌由来のDNAポリメラーゼなどが使われている．

正解と解説

1～4 （○）
2 現在は，G，C，A，Tに4種類の異なる蛍光を導入するDye Terminator法を利用して，キャピラリー電気泳動およびレーザー光による検出システムを用いた自動シークエンサーを用いることが多い．

6.3 ◆ 遺伝子機能の解析技術

到達目標 細胞（組織）における特定DNAおよびRNAを検出する方法を説明できる．

・特定のDNAを検出する

問題6.13 サザンブロット法により，特定のヒトゲノムDNAを検出するとき，正しい操作はどれか，一つ選べ．

1 ヒトゲノムDNAは，そのままアガロース電気泳動するには大きすぎるので，DNアーゼⅠで切断した．
2 アガロース電気泳動後，DNAをニトロセルロースフィルターに毛細管現象を利用してブロッティングさせた．
3 標識DNAプローブ作成に用いる[α-^{32}P]dCTPが入手困難だったので，[γ-^{32}P]ATPを用いた．
4 ハイブリッド形成には，標識プローブを加熱後，緩やかに室温まで冷却して用いた．
5 放射標識プローブとのハイブリッドの形成は，ニトロセルロースフィルターをエチジウムブロマイドで染色することで確認した．

252 6. 遺伝子を操作する

| キーワード | ハイブリッド形成，サザンブロット法，標識プローブ，アガロース，DNアーゼⅠ，電気泳動，ニトロセルロースフィルター |

| 解　説 | 1（×）　ゲノムDNAを解析に適当な大きさに切断するには，特定の配列でDNAを切断できる制限酵素が用いられる．
2（○）　他にも電気泳動的あるいは吸引によりブロットする方法がある．
3（×）　α-位でかつデオキシリボヌクレオチドでないと，有効でない．
4（×）　加熱後急冷し，標識プローブを一本鎖に保つことが，DNAとのハイブリッド形成に重要である．
5（×）　放射活性プローブはX線フィルムに感光させるなどして，検出する． |

正解　2

・特定のmRNAを検出する

問題6.14　ノーザンブロット法により，ヒト臓器中のmRNAを検出するとき，正しい操作はどれか，一つ選べ．
1　臓器・組織中のmRNAがRNアーゼで分解されるのを防ぐため，採取後，氷に直接触れないよう注意して氷冷した．
2　臓器・組織中には，RNAを不安定にするRNアーゼが存在するので，全RNAを調製する直前に，臓器・組織を煮沸処理した．
3　実験者の皮膚に存在するRNアーゼが混入することを防ぐために，手指をアルコールで消毒した．
4　唾液の中にもRNアーゼが存在するので，マスクを着用し無言で操作を行った．
5　RNAはアルカリ性で加水分解されるので，アガロース電気泳動はpH＝3以下で行った．

6.3 遺伝子機能の解析技術

キーワード ノーザンブロット法，RN アーゼ

解説
1（×） 氷冷は mRNA の RN アーゼによる分解を防ぐのに，不十分である．
2（×） 煮沸により mRNA が分解する可能性が高い．また RN アーゼは熱に安定なものが存在する．
3（×） アルコールでは，mRNA の RN アーゼによる分解を防げない．
4（○）
5（×） 酸性では，RNA が不溶化したり，電気泳動で逆方向に泳動される可能性が高まる．

正解　4

・PCR 法により特定の DNA や mRNA を検出する

問題 6.15 発現ライブラリーと PCR 法の組合せにより，検出されるものはどれか，一つ選べ．
1　特定プロモーター
2　特定イントロン
3　マイクロサテライト多型
4　regulatory SNP
5　coding SNP

キーワード cDNA（complementary DNA），PCR（polymerase chain reaction）

解説
1，4（×） 転写調節領域を含むゲノムライブラリーと PCR 法の組合せが必要である．
2（×） 通常，発現ライブラリーにイントロン部分やマイクロサテライト部分は含まれないので，ゲノムライブラリーが必要である．
5（○）

254 6. 遺伝子を操作する

正解 5

◆ 確認問題 ◆

次の文の正誤を判別し，○×で答えよ．

□□□ 1　deoxyribonucleotide を用いて，タンパク質の一次配列を決定する方法がある．

□□□ 2　DNA の検出には，ラジオアイソトープやエチジウムブロマイドが使用される．

□□□ 3　塩基配列の決定では，しばしば SDS 電気泳動法が用いられる．

□□□ 4　ゲノム解析は，クローン化した DNA 断片の塩基配列情報をつなぎ合わせることで行う．

□□□ 5　DNA マーカーを指標に，特定部分のゲノム構造を標準的なものと対比させ，違いを解析することができる．

□□□ 6　サザンブロット法では，特定の RNA を検出できる．

□□□ 7　特定の DNA 配列を選択的に合成・増幅するためには，PCR（Polymerase Chain Reaction）法がきわめて有効である．

□□□ 8　ノーザンブロット法では，特定の DNA を検出できる．

□□□ 9　ハイブリダイゼーションに，蛍光や放射能で標識したプローブを用いることで，目的の配列をもつ核酸を検出できる．

□□□ 10　アガロースゲル電気泳動でゲノム DNA や mRNA を一塩基のサイズの差によって分離できる．

□□□ 11　一本鎖 DNA と一本鎖 RNA の間でも，塩基間の相補性があればハイブリッド形成（hybridization）が起こる．

□□□ 12　in situ ハイブリッド形成法により，組織や細胞中の mRNA の局在を可視化することができる．

正解と解説

1（×）　dideoxyribonucleotide を用いて，DNA の塩基配列を決定する方法がある．
2（○）
3（×）　塩基配列の決定では，しばしばキャピラリー電気泳動法が用いられる．
4，5（○）

6 (×)　サザンブロット法では，特定の DNA を検出できる．
7 (○)
8 (×)　ノーザンブロット法では，特定の RNA を検出できる．
9 (○)
10 (×)　変性ポリアクリルアミドゲル電気泳動でゲノム DNA や mRNA を一塩基の サイズの差によって分離できる．
11, 12 (○)

到達目標　外来遺伝子を細胞中で発現させる方法を概説できる．

・外来遺伝子を発現させる方法

> 問題 6.16　MRSA からクローニングした薬剤耐性遺伝子を X 線解析に供するため，大量発現させるときに最も適している宿主を選べ．
> 1　酵母
> 2　昆虫細胞
> 3　体性幹細胞
> 4　大腸菌
> 5　ヒトリンパ細胞

キーワード　発現ベクター，クローニング (cloning)，プラスミド，トランスフェクション

解説　4 (○)　通常，MRSA からは，ゲノム DNA がクローニングされるので，シャトルベクターが必要な真核細胞より，大腸菌を使用することが簡便である．

正解　4

・外来遺伝子を哺乳動物細胞で発現させる方法

問題 6.17 クローニングしたがん原性遺伝子の細胞内局在を明らかにする目的に，最も適しているレポーター遺伝子を選べ．
1 ホタル由来のルシフェラーゼ（発光酵素）
2 GFP（green fluorescent protein）
3 アンピシリン耐性遺伝子
4 ネオマイシン耐性遺伝子
5 p53 がん抑制遺伝子

キーワード 発現ベクター，プラスミド，トランスフェクション，レポーターアッセイ，シスエレメント，GFP（green fluorescent protein），安定形質変換体

解説 発現を直接可視化できる GFP は，融合タンパク質の細胞内局在を調べるのに適している．

正解 2

・RNA interference

問題 6.18 内在性の遺伝子の発現を抑制する RNA 干渉についての記述のうち，正しいものを一つ選べ．
1 RNA 干渉を利用するには，遺伝子の相同組換えの技術を習得している必要がある．
2 siRNA のトランスフェクションにより，目的遺伝子を染色体から取り除くことができる．
3 siRNA のトランスフェクションにより，目的遺伝子とのハイブリッド形成は減少する．
4 siRNA のトランスフェクションにより，目的遺伝子 mRNA を分解，またはその翻訳を阻害することができる．
5 RNA 干渉により，トランスジェニック細胞・動物を作製する

ことができる．

キーワード トランスフェクション，安定形質変換体，RNAi（RNA interference）

解説 1（×） RNA干渉を利用するには，DNAあるいはRNAのトランスフェクションの手法を用いる．
2，5（×） iRNAのトランスフェクションは一過的なので，ゲノムに影響を与えることはほとんどない．
3（×） トランスフェクションされたiRNAは，目的のmRNAとハイブリッド形成することで，効力を発揮する．
4（○）

正解　4

◆ 確認問題 ◆

次の文の正誤を判別し，○×で答えよ．
□□□ 1 外来遺伝子を組み込むベクターとして，ファージが利用される場合がある．
□□□ 2 遺伝子組換え技術では，異種RNA断片をベクター-DNAに組み込ませ，宿主細胞中で複製させることができる．
□□□ 3 マイクロインジェクション法により，DNAを動物細胞に直接導入できる．
□□□ 4 大腸菌の翻訳コードとヒトの翻訳コードは異なるので，ヒトのmRNAのcDNAを大腸菌に組み込むと，アミノ酸が異なったタンパク質が発現する．
□□□ 5 細胞の種類により翻訳後修飾の条件が異なるので，宿主細胞で発現したタンパク質安定性や生物活性に変化がみられる．
□□□ 6 ヒトの組換えタンパク質を得る際，翻訳後修飾の相違による課題を解決するために枯草菌を用いることがある．

正解と解説
1（○）
2（×） 遺伝子組換え技術では，異種DNA断片をベクターDNAに組み込ませ，宿主細胞中で複製させることができる．

3（○）

4（×）大腸菌の翻訳コードとヒトの翻訳コードはほぼ同一なので，ヒトのmRNAのcDNAを大腸菌に組み込むと，アミノ酸配列が同一のタンパク質が発現する．

5（○）

6（×）ヒトの組換えタンパク質を得る際，翻訳後修飾の相違による課題を解決するために酵母，昆虫細胞，哺乳類細胞などを用いることがある．

7 生体分子の立体構造と相互作用

7.1 ◆ 立体構造

到達目標 生体分子（タンパク質，核酸，脂質など）の立体構造を概説できる．

・タンパク質の立体構造

問題 7.1 タンパク質の一次構造の形成に関係する結合はどれか．
1 ペプチド結合
2 ジスルフィド結合
3 水素結合
4 疎水結合
5 静電的相互作用

キーワード ペプチド結合，ジスルフィド結合，水素結合，疎水結合，静電的相互作用

解説
1（○） タンパク質はアミノ酸がペプチド結合で連結したもので，そのアミノ酸配列を一次構造という．
2（×） システインのSH基同士が結合してできる共有結合（S-S結合）で，立体構造の形成に寄与する．
3，4，5（×） 立体構造に寄与する非共有結合．

正解　1

・イムノグロブリンの立体構造

> **問題 7.2** イムノグロブリン G（IgG）のサブユニットの組合せで正しいものはどれか．
> 1　H 鎖　1 本，L 鎖　1 本
> 2　H 鎖　1 本，L 鎖　2 本
> 3　H 鎖　2 本，L 鎖　2 本
> 4　H 鎖　4 本，L 鎖　4 本
> 5　H 鎖　10 本，L 鎖　10 本

キーワード　イムノグロブリン G，H 鎖，L 鎖

解説
1，2（×）　このような組合せのイムノグロブリンはない．
3（○）　イムノグロブリン G は，H 鎖 2 本と L 鎖 2 本がそれぞれ -S-S-結合で結合している．
4（×）　イムノグロブリン A のサブユニットの組合せであり，H 鎖 2 本と L 鎖 2 本の基本構造の二量体である．
5（×）　イムノグロブリン M のサブユニットの組合せであり，H 鎖 2 本と L 鎖 2 本の基本構造の五量体である．

正解　3

◆ 確認問題 ◆

次の文の正誤を判別し，○×で答えよ．
□□□　1　免疫グロブリンは共通した立体構造をもつ複数のドメイン構造をもっている．
□□□　2　ヘモグロビンは同一のポリペプチド鎖 4 個からなる四次構造をしている．
□□□　3　DNA の塩基対の面は，らせん軸に垂直である．
□□□　4　DNA は静電的相互作用によって塩基対を形成している．
□□□　5　DNA は正に荷電している．
□□□　6　ロイシンジッパーモチーフは DNA と相互作用する．

正解と解説

1（○）
2（×）ヘモグロビンはα鎖とβ鎖が2個ずつからなる四次構造をしている．
3（○）
4（×）DNAは水素結合によって塩基対を形成している．
5（×）DNAはリン酸をもつので，負に荷電している．
6（○）

到達目標 タンパク質の立体構造を規定する因子（疎水性相互作用，静電的相互作用，水素結合など）について，具体例を用いて説明できる．

・α-ヘリックスの立体構造

問題 7.3 α-ヘリックスの形成に最も寄与の大きいものはどれか．
1 水素結合
2 静電的相互作用
3 ファン・デル・ワールス力（ファン・デル・ワールス相互作用）
4 疎水性相互作用
5 ジスルフィド結合

キーワード 水素結合，静電的相互作用，ファン・デル・ワールス力（ファン・デル・ワールス相互作用），疎水性相互作用

解説
1（○）α-ヘリックスの形成にはペプチド結合のNHとCOの間において生じる水素結合が必須の相互作用である．
2（×）静電的相互作用の例として，塩基性アミノ酸と酸性アミノ酸との間に形成する塩橋がある．
3（×）分子の双極子間の引力．

4（×）水中で疎水基同士が集合しようとする相互作用．タンパク質が立体構造を形成するために折りたたまれるのに重要な働きをする．
5（×）

正解　1

◆ 確認問題 ◆

次の文の正誤を判別し，○×で答えよ．

□□□ 1　タンパク質は，一般的に疎水性アミノ酸残基は中心部に，極性アミノ酸残基は外側になるように折りたたまれて立体構造を形成する．

□□□ 2　分子シャペロンは，タンパク質が翻訳後に機能する立体構造に折りたたまれるのを助ける働きをする．

□□□ 3　尿素の添加によって，タンパク質は静電的相互作用を失う．

□□□ 4　2つの α-ヘリックスは逆平行に並んだ方が，エネルギー的に安定である．

□□□ 5　ロイシンジッパーモチーフを形成する2本の α-ヘリックスは疎水性相互作用を示す．

正解と解説

1（○）

2（○）

3（×）尿素の添加によって，タンパク質は水素結合を失う．

4（○）α-ヘリックスが逆平行に配列した場合，双極子モーメントが打ち消しあって，エネルギー的に安定になる．

5（○）

7.1 立体構造

到達目標 生体膜の立体構造を規定する相互作用について，具体例をあげて説明できる.

・生体膜の立体構造

問題 7.4 脂質二重層を横切ってリン脂質を移動させるタンパク質はどれか.
1 ナトリウムチャネル
2 フリップフリッパーゼ
3 シトクロム c
4 ホスホリパーゼ C
5 ホスホリパーゼ A_2

キーワード フリップフリッパーゼ，ナトリウムチャネル，シトクロム c，ホスホリパーゼ C，ホスホリパーゼ A_2

解説
1（×） Na イオンはナトリウムチャネルによって細胞膜を通過する.
2（○） 脂質二重層を横切ってリン脂質を移動させるタンパク質.
3（×） 電子伝達系のタンパク質.
4（×） リン脂質の3位のリン酸ジエステルを切断する酵素.
5（×） リン脂質の2位の脂肪酸エステルを切断する酵素.

正解 2

・細胞膜成分の局在

問題 7.5 細胞膜の表面側に局在している成分はどれか.
1 リン脂質
2 コレステロール
3 糖脂質

　　　　4　ビタミンE
　　　　5　細胞骨格タンパク質

キーワード　リン脂質，コレステロール，糖脂質，ビタミンE，細胞骨格タンパク質

解説　1，2，4（×）　脂質二重層の両側に存在している．
　　　　3（○）　細胞膜の表面側に局在している．
　　　　5（×）　細胞膜の細胞質側に局在している．

正解　3

◆ 確認問題 ◆

次の文の正誤を判別し，○×で答えよ．
□□□　1　リン脂質の脂質二重層を形成するのに最も寄与の大きいのは疎水性相互作用である．
□□□　2　Gタンパク質共役受容体は膜を5回貫通している．
□□□　3　Gタンパク質共役受容体の膜貫通部位のポリペプチドはβ-構造を形成している．
□□□　4　脂質二重層のリン脂質は二次元方向に移動できる．
□□□　5　酸性リン脂質のホスファチジルセリンは細胞膜の内側に多く局在している．

正解と解説
1（○）　リン脂質の脂肪酸が疎水性相互作用をする．
2（×）　Gタンパク質共役受容体は膜を7回貫通している．
3（×）　Gタンパク質共役受容体の膜貫通部位のポリペプチドはα-ヘリックスを形成している．
4（○）　生体膜は流動性があり，リン脂質や他の成分は二次元方向に移動できる．
5（○）

7.2 ◆ 相互作用

到達目標 鍵と鍵穴モデルおよび誘導適合モデルについて，具体例をあげて説明できる．

・誘導適合モデル

問題 7.6 基質が酵素に結合する時，酵素において変化するものはどれか．
1 分子量
2 三次構造
3 α-ヘリックスの数
4 ジスルフィド結合の数
5 β-構造の数

キーワード 三次構造，α-ヘリックス，β-構造

解説
1 (×)
2 (○) 基質が酵素に結合する時に三次構造（立体構造）が変化する．
3 (×)
4 (×)
5 (×)

正解　2

7. 生体分子の立体構造と相互作用

・鍵と鍵穴モデル

問題 7.7 鍵と鍵穴モデルが適用できない組合せはどれか．
1 抗原 ──────── 抗体
2 アセチルコリン ──── アセチルコリン受容体
3 グルコース ────── ヘキソキナーゼ
4 プロトン ─────── プロトンポンプ
5 ロイシンジッパー ── DNA

キーワード 抗体，アセチルコリン受容体，ヘキソキナーゼ，ロイシンジッパー

解説 1～3，5（○） これらは基質と酵素の関係と同様に，特異的な結合部位に結合する．
4（×） プロトンはプロトンポンプタンパク質を移動しながら輸送されるので，基質結合部位のようなくぼんだ結合部位はない．

正解 4

◆ 確認問題 ◆

次の文の正誤を判別し，○×で答えよ．
□□□ 1 メバロチンと HMG-CoA 還元酵素は鍵と鍵穴の関係である．
□□□ 2 リボースとヘキソキナーゼは鍵と鍵穴の関係である．
□□□ 3 補酵素と酵素は鍵と鍵穴の関係である．
□□□ 4 酵素と基質の相互作用で最も貢献度の高いのは，酵素タンパク質のペプチド結合との間の相互作用である．

正解と解説
1（○） メバロチンは，HMG-CoA 還元酵素の基質である HMG-CoA と構造が類似しており，鍵と鍵穴の関係で HMG-CoA 還元酵素と結合する競合的阻害剤である．

2（×）ヘキソキナーゼはグルコースやフルクトースなどのヘキソース（六炭糖）は基質になるが，ペントース（五炭糖）であるリボースは基質にならない．
3（×）補酵素は酵素の触媒反応に必要な低分子化合物であるが，酵素に対して鍵と鍵穴の関係では結合していない．
4（×）基質は主に酵素タンパク質のアミノ酸残基の側鎖部位と疎水相互作用や静電的相互作用をする．

到達目標 脂質の水中における分子集合構造（膜，ミセル，膜タンパク質など）について説明できる．

・脂質の分子集合構造

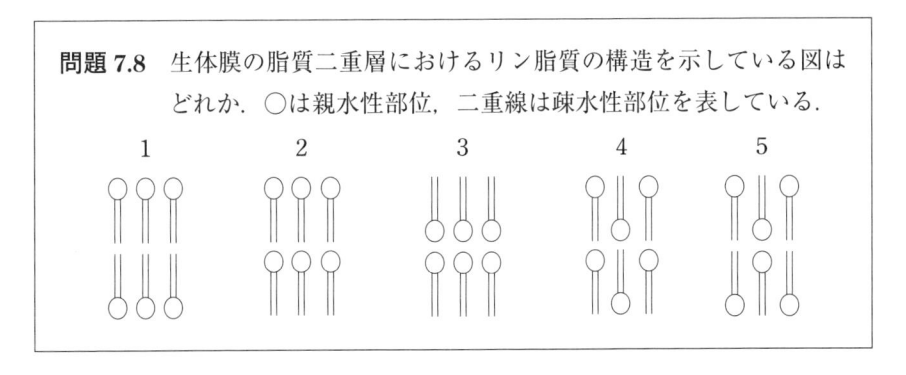

問題 7.8 生体膜の脂質二重層におけるリン脂質の構造を示している図はどれか．○は親水性部位，二重線は疎水性部位を表している．

1　2　3　4　5

キーワード 生体膜，脂質二重層，リン脂質，親水性部位，疎水性部位

解説 1（○）リン脂質の親水性部位は外側に，疎水性部位は内側に向いて並ぶ．

正解　1

・胆汁酸の分子集合構造

問題 7.9　水中で胆汁酸が形成する構造はどれか.
1　脂質二重層
2　ミセル
3　らせん構造
4　逆ヘキサゴナル構造
5　ランダムコイル構造

キーワード　ミセル, 脂質二重層, らせん構造, 逆ヘキサゴナル構造

解説
1（×）脂質二重層は生体膜やリポソームにおいてリン脂質が形成する構造.
2（○）胆汁酸や多くの界面活性剤はミセルを形成する.
3（×）タンパク質の α-ヘリックスや DNA はらせん構造をとる.
4（×）逆ヘキサゴナル構造は, 親水性部が疎水性部に比べ小さいコーン型の脂質が形成する構造.
5（×）ランダムコイル構造は, タンパク質のペプチド鎖が一定の二次構造（α-ヘリックスや β-構造）をとらずに無秩序な状態である.

正解　2

◆ 確認問題 ◆

次の文の正誤を判別し, ○×で答えよ.
□□□　1　脂質ラフトはコレステロールに富む.
□□□　2　フリーズフラクチャー法によって膜の流動性を調べることができる.
□□□　3　ホスファチジルエタノールアミンは逆ヘキサゴナル構造をとることができる.
□□□　4　膜貫通タンパク質の N 末端は必ず細胞表面側にある.

正解と解説

1（○） 脂質ラフトはコレステロールの他に，スフィンゴ脂質やGPIアンカー型タンパク質が集積している．
2（×） フリーズフラクチャー法は膜を急速に凍結して脂質二重層を疎水面で割断し電子顕微鏡で観察する方法で，膜内部構造を観察することができる．
3（○）
4（×） N末端が細胞質側にある膜貫通タンパク質もある．

日本語索引

ア

悪玉コレステロール 112
アクチベーター 60
アクチン 115, 116
アジソン病 189, 190
アシルキャリヤープロテイン 6
アスコルビン酸 16
アスパラギン酸 32, 177
アセチルコリン 216
　生理作用 218
アセチルコリン作働性神経 216
アセチル CoA 5, 133, 173
　エネルギー代謝 141
　産生 142, 143
　代謝 143
　役割 142
アセト酢酸 162, 164
アセトン 162, 164
アデニル酸シクラーゼ 113, 172, 194
アデニン 36
アドレナリン 157, 175, 184, 186, 200
アドレナリン β_1 受容体 231
アニーリング 37, 245, 246
アビジン 18
アフィニティークロマトグラフィー 119
アポ酵素 94
アポトーシス 146

アミノアシル-tRNA 62
アミノアシル-tRNA 合成酵素 62
アミノ基転移 14
アミノ酸 12, 176
アミノ酸系神経伝達物質 212
アミノ酸配列決定法 120, 121
アミノ酸誘導体ホルモン
　構造 182
　生合成 183
　生理作用 183
アミノトランスフェラーゼ 93
アラキドン酸 4, 193
アラニン 14, 176, 177
アルギニン 12
アルコールデヒドロゲナーゼ 91, 95
アルコール発酵 152
　反応機構 153
アルドステロン 187
アルブミン 81, 109
アロステリックエフェクター 103
アロステリック酵素 102
アロステリック阻害 99
アロプリノール 35
アンギオテンシン 203
アンチコドン 39, 54, 61
アンチマイシン A 148
α-アミラーゼ 123
α サブユニット 228
α 酸化 139
α-ヘリックス 83, 261

RN アーゼ 252
RNA 合成 56
RNA 鎖 43, 44
RNA プライマー 66
RNA プロセシング 60
RNA ポリメラーゼ 51, 56, 57
RNA ポリメラーゼ II 40
RNA ポリメラーゼ III 40
RT-PCR 法 247

イ

イオン交換クロマトグラフィー 119
イオン輸送 106
鋳型 DNA 鎖 57
異性化酵素 90, 92
イソプレノイド鎖 23
イソメラーゼ 90
イソロイシン 176
一塩基多型 47, 69, 76
一酸化炭素 148
一酸化窒素
　細胞内情報伝達 232
　作用機序 207
　生合成 206, 207
　役割 207
一酸化窒素合成酵素 194
遺伝子 31, 46
　解析技術 251
　クローニング技術 240
　修復 65
　複製 65
　変異 65, 69
遺伝子クローニング法

240
遺伝子診断 76
遺伝子操作 237
遺伝子増幅 245
遺伝子多型 76, 77
遺伝子ターゲティング 76
遺伝子治療 76
遺伝子ノックアウト 76
遺伝子発現 41
遺伝情報 41
遺伝子ライブラリー 242
イノシトール三リン酸 226, 227
イミノ酸 13
イムノグロブリン 260
インスリン 157, 180, 181
　機能 170
　血糖調節 170
　構造 170
インスリン受容体 231
インターフェロン 220
インターロイキン 220, 221
イントロン 53, 60
インベーダー法 78
ESI Q-TOF 質量分析 121

ウ

ウラシル 36, 44
ウリジン三リン酸 57
ウリジン二リン酸 156
運搬タンパク質 109

エ

エイコサノイド 4, 183
　種類 192
　生理活性 197
　生理的役割 198
　前駆体 193
　特徴 191

エイコサペンタエン酸 198
栄養素 123
エキソサイトーシス 210
エキソヌクレアーゼ 73
エキソン 53, 60, 241
エストラジオール 2, 7, 180, 186, 187
エドマン分離 120
エドマン法 121
エネルギー産生
　飢餓状態 161
　糖尿病 161
エネルギー貯蔵
　脂肪組織 166
エリスロポエチン 224
エルゴカルシフェロール 25
塩基除去修復 72
塩基性アミノ酸 12
塩基配列決定方法 249
遠心分画法 118
エンドヌクレアーゼ 240
エンハンサー 52, 53, 56
A 型 DNA 51
AP エンドヌクレアーゼ 72
ATP
　高エネルギー結合 126
　構造 126
　産生 126
ATP 感受性カリウムチャネル 106
ATP 産生 137
ATP 産生阻害物質 146
　作用部位 148
ATP シンターゼ 146
HMG-CoA 還元酵素 7
HMG-CoA シンターゼ 163
HMG-CoA リアーゼ 163
MAP キナーゼ 114
NO シンターゼ 206

SD 配列 38
SDS-ポリアクリルアミドゲル電気泳動 118

オ

岡崎フラグメント 66
オキサロ酢酸 159
オキシトシン 180, 184, 192
オキシドレダクターゼ 91
オータコイド 191, 211
オピオイドペプチド 215
オペレーター 59
オペロン 59
オリゴマイシン B 149
オロチジン 5′-一リン酸 32
オロト酸 32
ω 酸化 139

カ

開口分泌 210
解糖系 129, 130, 131
外来遺伝子 255
鍵と鍵穴モデル 266
核局在化シグナル配列 234
核酸 31
核内受容体 59, 233, 235
　構造 234
加水分解酵素 90
ガストリン 202
カスパーゼ 115
カタラーゼ 95
活性化エネルギー 88
カテコールアミン 209
花粉症 190
ガラクトース 10
顆粒球コロニー刺激因子 224

日本語索引

顆粒球マクロファージコロニー刺激因子　224
カルシトニン　179
カルシトリオール　26
カルバモイルリン酸　32
カルボキシペプチダーゼ　95
カルボキシペプチダーゼ法　122
カルモジュリン　113
肝細胞増殖因子　223
がん抑制遺伝子　76

キ

飢餓状態　155, 162
　エネルギー源　163
キニノーゲン　204
機能タンパク質　104
逆転写　42, 247
逆転写酵素　247
逆ヘキサゴナル構造　268
5′-キャップ構造　38
競合型阻害剤　101
競合阻害　99
共輸送体　107
キロミクロン　110, 111, 125
金属イオン
　補因子　95

ク

グアニン　36, 45
クエン酸回路　132, 133, 134, 135
クッシング症候群　190
組換えDNA　76
組換えDNA技術　237
グリコゲニン　155
グリコーゲン　11, 167
グリコーゲン合成　155
グリコーゲンシンターゼ　158
グリコーゲン代謝調節　157
グリコーゲン分解　156
グリコーゲンホスホリラーゼ　156
グリココール酸　3
グリシン　31
グルカゴン　157, 181, 184, 189
　機能　170
　血糖調節　170
　構造　170
　脂肪分解調節　171
グルコキナーゼ　93, 168
グルコース　8
　貯蔵　168
　取り込み　168
　輸送　168
グルコース-アラニン回路　176
グルコーストランスポーター　108, 168
グルコース負荷試験　169
グルコース6-ホスファターゼ　157, 160
グルコース6-リン酸　93, 151, 155
グルタミン　31
グルタミン酸　177
グルタミン酸受容体　213
クレノウ酵素　239
クローニング　255
グロブリン　82
クロマチン　48
クロマン核　23

ケ

血管内皮細胞増殖因子　223
血漿リポタンパク質　109, 110
形成　110
役割　111
血糖　167
ケト原性アミノ酸　175
　代謝　177
ケトン体　162, 164
　役割　162
ゲノム　46
ゲノムDNA　241
ゲノムDNAライブラリー　243
ケラチン　82, 115
ゲルろ過クロマトグラフィー　118, 119
原核細胞
　転写　58

コ

高エネルギー化合物　127
高エネルギーリン酸結合　43
甲状腺機能亢進症　189
甲状腺刺激ホルモン　183
甲状腺ホルモン　183, 235
校正機能　73
合成酵素　90
酵素　88
　性質　89
　反応様式　90, 91
酵素活性
　阻害　99
酵素活性調節機構　99
酵素反応速度論　96
コエンザイムQ　24
呼吸鎖阻害物質　147
コドン　61
コハク酸デヒドロゲナーゼ　134, 135
コラーゲン　116
コリンエステラーゼ　218
ゴルジ体　86
コルチゾール　186, 196

コレカルシフェロール　25
コレステロール
　酵素　7
　生合成　6
　ホルモン　7
コレラ毒素　230
コンドロイチン硫酸　12
Cori 回路　158
Kozak 配列　241

サ

細菌毒素　229
サイクリック AMP　226, 227
サイクリック GMP　227
サイクリン　113
サイクリン依存性キナーゼ　114
サイトカイン　219
　抗ウイルス作用　220
細胞骨格
　役割　117
細胞骨格タンパク質　115, 116
細胞周期　113
細胞内情報伝達　112, 225
細胞膜　263
細胞膜貫通型グアニル酸シクラーゼ　207
細胞膜受容体　104
サイレンサー　52
サイレント変異　71
サザンブロット法　251
サブスタンス P　214
サブユニット　63, 85
サルベージ経路　34
酸化還元酵素　91
酸化的リン酸化　135, 137
酸化的リン酸化阻害物質　147
サンガー法　249

三次構造　265
酸性アミノ酸　212

シ

ジアシルグリセロール　196, 226, 227
シアンイオン　148
紫外部吸収法　118
シグナル分子　179
シクロオキシゲナーゼ　194, 195
脂質　1
　吸収　124
　消化　124
　ステロイド骨格　3
　体内運搬　124
　分子集合構造　267
脂質二重層　268
ジスルフィド結合　83, 259
質量分析法　118
ジデオキシ法　249
シトクロム c　114, 135, 146
シトシン　36
シナプス可塑性　213
シナプス後抑制　214
シナプス前抑制　214
ジヒドロオロト酸　32
ジヒドロキシアセトンリン酸　174
$1\alpha,25$-ジヒドロキシビタミン D_3　26
脂肪酸　3
　活性化　139
　酸化代謝　139
　生合成　5
　タンパク質　6
　補酵素　5
　β 酸化　138
脂肪酸合成　172
シャイン・ダルガーノ配列　38
シャトルベクター　239
シャペロン　85
自由エネルギー変化　128
臭化シアン　121
終止コドン　62
修飾塩基　40
受動輸送　108
受動輸送体　108
腫瘍壊死因子-α　221
受容体
　リン酸化　230
脂溶性ビタミン　21
　生理作用　26
上皮増殖因子　223
情報伝達タンパク質　86
真核細胞
　リボソーム　63
　mRNA　38
　tRNA　39
神経成長因子　223
神経伝達物質　209
　グルタミン酸　213
真性コリンエステラーゼ　218
cDNA ライブラリー　242
cGMP ホスホジエステラーゼ　113
G タンパク質　229
G タンパク質共役型受容体　106, 228
Zinc フィンガー　234

ス

膵液リパーゼ　124
水素結合　261
水溶性ビタミン　15, 18
　補酵素　19
スクシニル CoA　133
スクロース　10, 167
ステロイドホルモン　235
　産生臓器　185

生理作用　186, 187
　分泌調節　186
スニップタイピング　76
スーパーオキシドジスムターゼ　95
スフィンゴシン　2
スフィンゴミエリン　1
スプライシング　44, 53, 60

セ

制限酵素　238
青酸ナトリウム　196
成熟型RNA　53, 54
生体膜　263
生理活性アミン
　生合成　200, 201
　役割　201
生理活性物質　179
生理活性ペプチド　203
　生合成　204
　生理的役割　204
　役割　205
セカンドメッセンジャー　225
　生合成　226
　標的タンパク質　227
セクレチン　202
セルラーゼ　124
セルロプラスミン　109
セロトニン　192, 200, 201
線維芽細胞増殖因子　223
染色体　48
善玉コレステロール　112
セントラルドグマ　41, 249
セントロメア　48, 67
Z型DNA　51

ソ

造血ホルモン　224

相互作用　265
増殖因子　219, 222
相補DNA　241, 253
粗面小胞体　65

タ

代謝　123
タクマン法　78
ターゲティング　64
脱共役物質　147
脱炭酸　209
脱離酵素　90
多糖　11
胆汁酸　124, 268
タンパク質
　アポトーシス　114
　機能　81
　高次構造　83
　細胞周期　113
　細胞内情報伝達　112
　消化　125
　取扱い　118
　分子量の測定　118
　分離　119
　翻訳後修飾　86, 87
　四次構造　84
　立体構造　259
単量体　106
Dye Terminator法　251

チ

チアミン　16
チオラーゼ　163
チミン　36, 44
チモーゲン　86
チャネル　105
チャネル内蔵型受容体　105
中性脂肪　124
チューブリン　81, 116
貯蔵エネルギー

組織（器官）　165
チロキシン　183, 200
チロシン　13

ツ

痛覚伝達物質　214
痛風　190

テ

低血糖　169
デオキシリボース　9, 36, 45
テストステロン　184, 187
テロメア　48, 50, 67
テロメラーゼ　50, 67, 248
電位依存型チャネル　106
転移酵素　90
電子伝達系　135
電子伝達系阻害物質
　阻害機構　147
転写　42, 56, 57
　調節　59
転写因子　56
転写調節因子　59
デンプン　167
de novo合成　34
DNA
　塩基　35
　修復　72
　傷害　70
　複製　65
　末端の伸長　67
　GC含量　37
DNA塩基配列
　決定法　249
DNAグリコシダーゼ　72
DNA結合領域　234
DNA合成酵素　250
DNA鎖　43, 44
　伸長反応　66
DNAトポイソメラーゼ

51, 66
DNAプライマーゼ 66
DNAヘリカーゼ 65, 72, 74
DNAポリメラーゼ 66, 250
DNAポリメラーゼI 72, 74
DNAポリメラーゼII 74
DNAポリメラーゼIII 74
DNAリガーゼ 66, 72, 74
TXシンターゼ 194

ト

糖原性アミノ酸 175
　代謝 177
糖質 8
　消化・吸収 123
糖質コルチコイド 169
糖新生 158, 159, 176
　調節 160
糖代謝 172
糖タンパク質 86
糖尿病 162
糖類 167
トコフェロール 24
突然変異 69
トランスフェクション 257
トランスフェラーゼ 90
トランスフェリン 81, 109
トリアシルグリセロール 124, 165, 166
トリカルボン酸輸送経路 173
トリプトファン 13, 176
トリヨードチロニン 181
トロンビン 82
トロンボキサン
　生合成経路 195
トロンボキサンA_2 197

トロンボポエチン 224

ナ

ナイアシン 16, 18, 19
内因性モルヒネ 215
7回膜貫通型 106
ナンセンスコドン 62
ナンセンス変異 70, 78

ニ

ニコチン性N_M受容体 217
乳酸デヒドロゲナーゼ 153
乳酸発酵 153, 154
　反応機構 153
尿酸 34
尿素 34
尿素回路 15
尿崩症 189

ヌ

ヌクレオソーム 49
ヌクレオチド 31
ヌクレオチド除去修復 73

ノ

脳下垂体ホルモン 169
能動輸送 107
ノーザンブロット法 252
ノルアドレナリン 200

ハ

ハイブリダイズ 37
バセドウ病 189
バソプレッシン 180
発エルゴン反応 128

パラトルモン 181, 184
バリン 176
パリンドローム配列 238
パントテン酸 17, 20
半保存的複製 65

ヒ

ヒアルロン酸 11
ビオチン 160
非競合型阻害剤 101
非競合阻害 99
ヒスタミン 192, 200, 201
非ステロイド性抗炎症薬 196
ヒストン 48, 49, 87
ビタミン 15
　過剰症 27
　欠乏症 28
ビタミンA 23
ビタミンB_1 16
ビタミンB_2 16, 19
ビタミンB_6 16, 19
ビタミンB_{12} 17, 18
ビタミンC 16, 18
ビタミンD 24
ビタミンD_2 25
ビタミンD_3 25, 235
ビタミンE 24
ビタミンK 24
ビタミンK_1 24
ビタミンK_2 24
必須脂肪酸 4
ヒト免疫不全ウイルス 249
ヒドラジン分解法 122
ヒドロキシプロリン 86
3-ヒドロキシ酪酸 162, 164
ヒドロキシリシン 86
ヒドロラーゼ 90
5′-非翻訳領域 38
ビメンチン 117

日本語索引　277

百日咳毒素　230
ピラノース環　9
ピリジン核　16
ピリドキサールリン酸　14
ピリミジン核　16
ピリミジン骨格　31
ピリミジンヌクレオチド　32
　生合成　32
ピルビン酸　14, 132, 152, 159
ピルビン酸カルボキシラーゼ　132
ピルビン酸デヒドロゲナーゼ複合体　132
B 型 DNA　51
PCR 法　245, 253
PI-3 キナーゼ　113, 114

フ

ファン・デル・ワールス力　83
フィードバック阻害　100, 102
フィブロネクチン　117
フィロキノン　24
フェニルアラニン　13
フェニルイソシアネート　120
フェニルエタノールアミン N-メチルトランスフェラーゼ　201
フェリチン　109
フォールディング　64
不競合型阻害剤　101
不競合阻害　100
複合体　136
副腎皮質ホルモン　169, 181
複製　42
複製開始点（$oriC$）　65

複製フォーク　66
不飽和脂肪酸　3
フマル酸　32
プライマー　52
プライマーゼ　66
プライマー RNA　54
ブラジキニン　192, 203, 205
フリップフリッパーゼ　263
プリン塩基
　異化　33
プリン骨格　31
プリンヌクレオチド
　生合成　31
フルクトース 6-リン酸　93
プルーフリーディング　73
プレドニゾロン　186
フレームシフト　70
プロインスリン　88
プロエンザイム　86
プロゲステロン　186, 187
プロスタグランジン
　生合成経路　194, 195
プロスタグランジン E_2　197
プロスタサイクリン　198
プロセシング　60
プロテアソーム　87
プロテインキナーゼ　231
プロテインキナーゼ A　113
プロテインキナーゼ C　114
プロテインキナーゼ G　232
プロモーター　51, 53, 56
プロラクチン　179
プロリン　13

ヘ

ヘキソキナーゼ　95
ヘテロオリゴマー　85
ヘテロ核 RNA　53, 54
ヘテロクロマチン　49
ペプチジルトランスフェラーゼ　55, 63
ペプチド
　化学的切断　121
ペプチド系神経伝達物質　214, 216
ペプチド結合　83, 259
ペプチドホルモン
　作用機序　181
　産生臓器　180
　生理作用　179
　分泌　181
　役割　180
ヘモグロビン　109
ベンゾキノン核　23
ペントースリン酸回路　130, 173
　生理の役割　149, 150, 151
β アラニン　34
β 酸化　138
β 酸化反応　140
β-シート構造　83
β-ヒドロキシ酪酸　162, 164

ホ

補因子　94
芳香族アミノ酸　13
飽食状態　155
紡錘糸　48, 117
補欠分子族　94
補酵素　94
補酵素 Q　135
ホスホエノールピルビン酸

159
ホスホジエステル結合 36, 43
ホスホリパーゼA_2 115
ホスホリパーゼC 113
ポリソーム 64
ポリヌクレオチド 44
ポリリボソーム 64
3′-ポリA（付加）配列 38
10-ホルミル-テトラヒドロ葉酸 32
ホルモン 179
　生理作用 184
ホルモン異常 188, 189
ホルモン過剰症 190
ホロ酵素 94
ポンプ 107
翻訳 42, 56
　タンパク質 61, 62
翻訳後修飾 64

マ

マイクロサテライト多型 47, 78
マクサム・ギルバート法 249
マクロファージコロニー刺激因子 224
マトリックス支援レーザー脱離イオン型飛行時間型質量分析 118
マロン酸 149

ミ

ミオグロビン 81
ミオシン 116
ミクロフィラメント 117
ミクロRNA 54, 56
ミスセンス変異 70, 78
ミスマッチ修復 73

ミトコンドリア 40, 144
　役割 145
ミニサテライト多型 47
Michaelis-Menten式 96

ム

無機触媒 88
ムスカリン性受容体 217, 218

メ

メチオニン 62, 121
メナキノン 24
メバロチン 266
メバロン酸 7

モ

モノアミンオキシダーゼ 201
モノアミン系神経伝達物質 210
　生理作用 211
　前駆体 209

ユ

有糸分裂 48
誘導適合モデル 265
ユークロマチン 49
輸送体 107
輸送体阻害物質 147
ユビキチン化 87
ユビキノン 24

ヨ

葉酸 17
葉緑体 40
抑制性サイトカイン 221
抑制性神経伝達物質 213

余剰エネルギー
　蓄積 164
ヨノン核 23

ラ

ラギング鎖 66
ラクトース 10, 167
ランダムコイル構造 268
Lineweaver-Burk プロット 97, 100

リ

リアーゼ 90
リガーゼ 90
リガンド依存型チャネル 105
立体構造 259
リーディング鎖 66
リプレッサー 59
リブロース5-リン酸 175
リボザイム 54, 55
リボース 9, 45
リボース5-リン酸 34
リボソーム 40, 63
リボソームサブユニット 65
リボフラビン 16
リン脂質 267

レ

11-cis-レチナール 26
レチノイン酸 26, 235
レニン 204
レニン-アンギオテンシン-アルドステロン系 204

ロ

ロイコトリエン 192
ロイコトリエンB_4 197

ロイコトリエン D_4　198
ロイシン　175, 177
六炭糖　8
ローリー法　119, 121

ワ

ワルファリン　196

外国語索引

A

ATP 126

C

cDNA 241, 253
complementary DNA 241, 253

D

ddNTP 250
DNA 36
dNTP 66

E

EGF 223
EPA 198
EPO 224

F

FGF 223

G

GABA 212, 214
G-CSF 224
GFP 256
GLUT 168
GM-CSF 224
green fluorescent protein 256

H

HDL 110, 111
HGF 223
hnRNA 53, 54

I

IDL 111
IFN 221
IL 220, 221
internal ribosome entry site 38
IRES 38

L

LDL 111
LTB_4 197
LTD_4 198

M

MAO 201
M-CSF 224
micro RNA 39
miRNA 39, 54, 56
mRNA 38, 53, 54, 63

N

NAD^+ 154
NADH 154
NADPH 5
ncRNA 39
NGF 223
non-coding RNA 39

O

oriC 65

P

PEP 159
PGE_2 197
PGI_2 198
PKG 232

R

RNA 54
RNA interference 256
rRNA 40, 54

S

single nucleotide polymorphism 69
siRNA 56
small interfering RNA 56
small nuclear RNA 39
SNP 47, 69, 76, 77
snRNA 39
SOD 194

T

TERT 248
TG 166
TNF-α 221

TPO 224
tRNA 39
TSH 183
TXA$_2$ 197

U

UDP 156

V

VEGF 223
VLDL 111

CBT 対策と演習

生 化 学

定 価（本体 1,800 円 + 税）

編 者　薬 学 教 育 研 究 会　　平成 21 年 3 月 31 日　初 版 発 行 ©

発行者　廣　川　節　男
　　　　東京都文京区本郷 3 丁目 27 番 14 号

発 行 所　株式会社　廣 川 書 店

〒 113-0033　東京都文京区本郷 3 丁目 27 番 14 号

〔編集〕　電話　03(3815)3656　　　　03(5684)7030
〔販売〕　　　　03(3815)3652　FAX　03(3815)3650

Hirokawa Publishing Co.
27-14, Hongō-3, Bunkyo-ku, Tokyo

わかりやすい 化合物命名法

九州保健福祉大学副学長　山本　郁男／九州保健福祉大学准教授　細井　信造　著　B5判　120頁　1,575円
帝京大学教授　夏苅　英昭／帝京大学教授　高橋　秀依

薬学を学ぶ者にとって有機化学がより身近なものとなるように医薬品の例を挙げながら命名法の初歩をわかりやすく記述した．

薬学生のための新臨床医学－症候および疾患とその治療－

2色刷　東京薬科大学教授　市田　公美　編集　　　　　　　　B5判　750頁　10,290円
　　　　　慶應義塾大学准教授　細山田　真

「症候とその治療」と「疾患と薬物」の2部で構成され，コアカリキュラムに準拠している．臨床に必要な疾患の病態生理から治療までを理解しやすいように記述．

薬学生のための薬用植物学・生薬学テキスト

徳島大学教授　高石　喜久　　　　　　　　　　　　　　　　B5判　250頁　5,040円
大阪薬科大学教授　馬場きみ江　編集
姫路獨協大学教授　本多　義昭

薬学教育モデル・コアカリキュラムのC7．「自然が生み出す薬物」について，医療現場で必要となる薬用植物や生薬，他の医薬資源に関する基本的な知識を漏らさず，かつ簡潔明瞭にまとめた．

演習で理解する 生物薬剤学

京都薬科大学教授　山本　昌　編集　　　　　　　　　　　　B5判　350頁　3,990円

最大の特長は，CBT試験や国家試験に対応できるように演習問題を各章末に多く取り入れたことである．「薬学教育モデル・コアカリキュラム」に準拠したテキスト．

予防薬学としての衛生薬学　─健康と環境─

広島国際大学教授　吉原　新一　編集　　　　　　　　　　　B5判　500頁　5,880円
第一薬科大学教授　繪柳　玲子

薬学教育6年制のモデル・コアカリキュラムに準拠しつつも期待される薬剤師職能に照らし，各SBOの取り扱いには軽重をつけて重要な内容はより深く理解しやすく記述している．

漢方薬学　─現代薬学生のための漢方入門

岡山大学名誉教授　奥田　拓男　編集　　　　　　　　　　　B5判　200頁　3,780円

古方の治療体験と各処方の使い分け方を尊重しながら，できるだけ今日の医療での標準的な解釈に沿って集約した．内容はコア・カリキュラムの「C7　自然が生み出す薬物」の（3）現代医療の中の「漢方薬」に該当する．

CBT対策と演習シリーズ

薬学教育研究会　編　　　　　　　　　　　　　　A5判　各130～250頁　各1,890円

本シリーズは，CBTに対応できる最低限の基礎学力の養成をめざした問題集である．

〈既刊〉有機化学／分析化学／薬理学／機器分析／生化学
〈近刊〉薬剤学1－薬物動態学－／衛生薬学Ⅰ，Ⅱ

廣川書店
Hirokawa Publishing Company

113-0033　東京都文京区本郷3丁目27番14号
電話03(3815)3652　FAX03(3815)3650　http://www.hirokawa-shoten.co.jp/